분자생물학 입문

누구라도 알 수 있는 유전자의 세계

전파과학사는 독자 여러분의 책에 관한 아이디어와 원고 투고를 기다리고 있습니다. 디아스포라는 전파과학사의 임프린트로 종교(기독교), 경제 · 경영서, 일반 문학 등 다양한 장르의 국내 저자와 해외 번역서를 준비하고 있습니다. 출간을 고민하고 계신 분들은 이메일 chonpa2@hanmail.net로 간단한 개요와 취지, 연락처 등을 적어 보내주세요.

분자생물학 입문

누구라도 알 수 있는 유전자의 세계

초판 1쇄 1986년 06월 25일
개정 1쇄 2022년 11월 15일

–

지 은 이 마루야마 고사쿠
옮 긴 이 윤실·손영수
발 행 인 손영일
디 자 인 장윤진

–

펴낸 곳 전파과학사
출판등록 1956. 7. 23 제 10-89호
주 소 서울시 서대문구 증가로18, 204호
전 화 02-333-8877(8855)
팩 스 02-334-8092
이 메 일 chonpa2@hanmail.net
홈페이지 www.s-wave.co.kr
공식 블로그 http://blog.naver.com/siencia

ISBN 978-89-7044-382-9

• 이 책은 저작권법에 따라 보호받는 저작물이므로 무단전재와 무단복제를 금지하며, 이 책 내용의 전부 또는 일부를 이용하려면 반드시 저작권자와 전파과학사의 서면동의를 받아야 합니다.
• 파본은 구입처에서 교환해 드립니다.

분자생물학 입문

누구라도 알 수 있는 유전자의 세계

마루야마 고사쿠 지음 | 윤실 · 손영수 옮김

전파과학사

머리말

생물학의 혁명이라고 일컬어진 분자생물학(分子生物學)도 이제는 완전히 자리를 잡았고, 그것의 발전인 유전자공학(遺傳子工學)도 실용화되어 가고 있다. 바이오테크놀로지(Biotechnology)는 첨단산업의 일익을 담당하게 되어 모든 사람이 일단은 알고 넘어가야 할 지식이 되었다.

이 작은 책을 쓰게 된 목적은 바쁜 사람들에게 손쉽게 분자생물학의 에센스를 이해하도록 하기 위한 것이다. 일본의 과학잡지 〈Quark〉에 1년 동안 연재했던 것을 모았다. 다행히 많은 독자들이 호평하며 애독해 주셨기에 다소 내용을 손질하고, 새로이 몇 장(章)을 더 보태어 한 권으로 엮었다. 고교생이나 전문대학생, 문과 계통의 대학생은 물론 바쁜 일반인에게도 생명과학에 대한 최소한도의 지식을 충족시켜 줄 수 있을 것으로 믿는다.

이 책을 읽고 나면 신문에 자주 나오는 유전자공학과 관련한 기사를 웬만큼은 이해할 수 있을 것이라고 생각한다.

| 목차 |

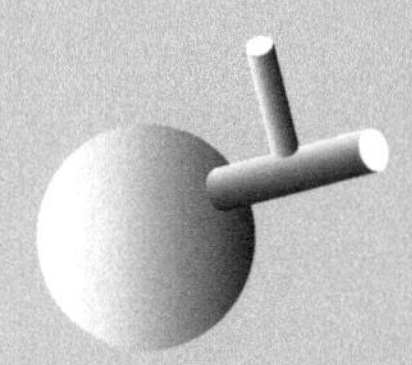

1장

클론 생물

1978년의 얘기지만, 「복제 인간」이 탄생했다고 떠들썩했던 적이 있다. 예순일곱 살의 독신인 백만장자의 구강세포에서 핵을 추출하여 아리따운 처녀의 난세포에 이식했다가 다시 자궁 안으로 되돌려 놓았는데 열달 후에 정상적인 아기가 태어났다. 난핵(卵核)은 미리 제거해 두었기 때문에 아기는 백만장자와 똑같은 인간이라는 것이었다. 두 사람은 모두 동일한 세포에서 유래되었으므로 복제(clone: 같은 그루) 인간이라고 불리었다.

복제 인간이 만들어질 수 있다면 누구든지 자기와 똑같은 인간을 후세에 남겨 놓을 수가 있다. 그뿐만 아니라 좀 더 빨랐더라면 아인슈타인이나 슈바이처도 재생할 수 있었다는 얘기가 된다. 많은 사람이 왁자지껄 떠들어댄 것은 당연한 일이었다. 저널리즘에서도 큰 화젯거리가 되었다.

핵에 의해 지배되는 아세타불라리아의 삿갓 모양

일본 큐슈 남단의 가고시마에서 류큐에 걸친 야트막한 산호초 위에는 아세타불라리아(Acetabularia)라는 바닷말이 자라고 있다. 이 식물은 약 6㎝ 정도의 자루 위에 지름 1㎝의 삿갓을 펼치면서 포자(胞子)를 만든다. 삿갓의 형상은 종류에 따라 여러 가지 것이 있는데, 이 식물은 거대한 1개의 세포로 이루어지고, 핵은 자루의 아래 뿌리 부분에 있다.

아세타불라리아의 삿갓을 잘라내면, 얼마 후에 그 자리에서 본래의 것과 똑같은 삿갓이 재생한다. 그렇다면 삿갓의 형상이 다른 두 종류의 자루를 잘라내어 각각 다른 종류의 뿌리에 이식하면 어떻게 될까? 이때 재생하는 삿갓의 형상은 자루와는 관계없이 그 뿌리의 특유한 것이 된다. 뿌리에는 핵이 있기 때문에 이것이 삿갓의 형상을 결정하고 있는 것이다.

독일의 헤멀링(J. Hämmerling)은 1953년에 아세타불라리아의 삿갓 형상이 핵에 의해 지배되고 있다는 것을 이식 실험을 통해 밝혀냈다.

누구나 알고 있듯이 생물체는 세포라고 하는 단위가 많이 집합하여 이루고 있다. 세포는 막으로 감싸여 있고, 속에는 1개의 핵이 있다. 헤멀링이 행한 실험은 세포의 형태나 기능을 결정하는 것이 핵이라는 사실을 가리키고 있었다.

세포의 핵 이외의 부분은 세포질(細胞質)이라 부른다. 아세타불라리아에서 삿갓을 잘라내거나 뿌리 밑의 핵을 동시에 잘라내도 삿갓은 재생한다. 이때 재생되는 삿갓은 본래의 삿갓 형상과 같다. 그러나 같은 재생을 두 번 반복할 수는 없다. 또다시 삿갓을 잘라내면 그때는 시들고 만다. 그

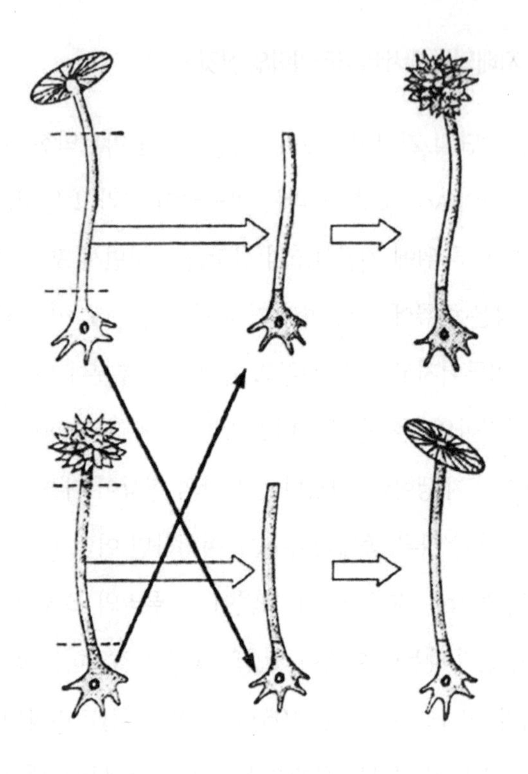

1-1 | 삿갓 모양은 자루의 뿌리 밑에 있는 핵에 의해 결정된다

러나 뿌리 부분에 핵이 있으면 몇 번이라도 삿갓을 만들 수가 있다.

뿌리나 자루에는 핵에서 생성된 어떤 물질이 있어서, 한 번은 삿갓을 만들 수가 있어도 핵이 없어지면 그것으로 그만인 것이다.

세포에서 핵은 전능(全能)의 신인 셈이며, 세포질은 그 지령을 좇아서 움직이는 것이라고 할 수 있다.

분화의 수수께끼

이른 봄에 연못으로 나와 알을 낳는 두꺼비를 생각해 보자. 수컷은 암컷이 알을 낳으면 사정(射精)을 한다. 정자가 난자 속으로 들어가 난핵과 합체하는 것을 수정(受精)이라고 한다. 수정으로 아버지 쪽(정자)과 어머니 쪽(난자)의 핵이 하나가 되어 새로운 개구리의 출발점이 된다. 이윽고 수정란은 2개로 쪼개지고, 4개가 되고 연달아 세포분열을 되풀이해 간다. 그때마다 본래의 것과 똑같은 핵이 만들어진다.

수정란이 세포분열을 반복하는 동안에 세포는 그룹으로 갈라진다. 장래에 피부가 될 것, 뼈나 근육이 될 것, 장이나 내장이 될 것의 세 무리로 우선 갈라진다. 그리고 올챙이가 되었을 때는 체내의 기관이 일단 완성되

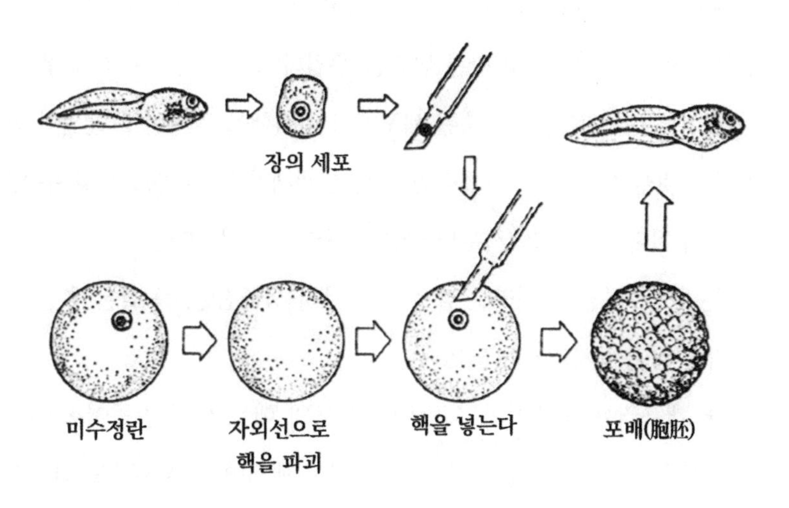

1-2 | 생식 과정을 거치지 않고서 새로운 개체를 낳는 클로닝은 먼저 청개구리에서 성공했다

어 있다.

본래는 단 1개의 수정란에서 시작되었지만 수많은 종류의 세포로 된 것이다. 이것을 가리켜 분화(分化)라고 한다.

어떤 메커니즘에 의해 분화가 일어나는 것인지는 오랜 시간에 걸친 수많은 사람들의 연구에도 불구하고 아직껏 밝혀지지 않았다. 분화의 수수께끼를 푸는 사람은 아마도 노벨상을 탈 것이 틀림없다.

클론 개구리

거든(J. B. Gurdon)은 훤칠한 키에 수줍음을 많이 타는 생물학자이다. 그는 영국 옥스퍼드 대학의 허술한 연구실에서 획기적인 연구를 성취했다. 1960년의 일이다. 아프리카산 청개구리의 수정란으로부터 가느다란 피펫으로 핵을 끄집어내고 다른 난핵을 주입하여 개구리를 자라게 했다. 거든은 어느 정도 분열이 진행된 세포에서 이식핵을 얻더라도 발생이 진행한다는 것을 확인했다. 그렇다면 똑같은 개체가 몇 개라도 생길 수 있다는 것이 된다. 이 실험에서부터 클론 개구리가 탄생했다.

이는 나중에 「클론」이라는 같은 핵을 가진 생물집단, 즉 같은 유전 정보를 가진 집단을 가리키게 되었다.

클론 개구리는 올챙이의 소장(小腸) 세포의 핵을 써서 만들어졌지만, 다른 세포로서는 자라지 않았다. 즉 분화가 진행되면 핵 자체에도 변화가 일어나서 맨 처음부터 분화를 반복할 수가 없는 것이다.

클론 쥐의 탄생

1981년 1월호의 미국 과학잡지 〈Cell(세포)〉은 표지에다 3마리의 쥐 사진을 실었다. 별다른 특징도 없는 이 평범한 쥐는 사실인즉 핵이식이 된 수정란에서 탄생한 쥐들이었다. 개구리에 뒤이어 20년 만의 일이었다.

개구리와는 달리 쥐의 경우는 클론화(化)에 있어서 두 가지 어려움이 있다. 첫째, 개구리에서는 큰 수정란을 많이 얻을 수 있고 이식도 간단하다. 그러나 쥐의 경우에는 자궁에서 수정란을 추출해야 하는 데다 크기도 지름이 0.1㎜로 개구리의 20분의 1밖에 안 된다. 따라서 수술도 어려워진다. 둘째는 개구리의 알이라면 물속에 넣어두면 그대로 자라지만, 쥐의 경우는 임신한 쥐의 자궁으로 돌려보내야 한다. 하기야 수정란을 자궁으로 되돌려서 출산하게 하는 기술은 이미 인간에서도 성공적인데, 이른바 「시험관 아기」로 잘 알려져 있다.

스위스 제네바 대학의 일멘제(K. Illmensee)는 쥐의 수정란을 어떤 약품으로 처리하여 세포분열을 멈추게 했다. 외과수술 때처럼 마취를 시켰던 것이다. 또 핵을 주입하고는 본래의 핵을 제거하여 수술을 한 번으로 끝냈다. 핵을 끄집어냈다가 다시 넣으면 수술을 두 번 하는 것이 되어 쉽게 알이 죽었기 때문이다.

일멘제는 363개의 이식란 중에서 16개를 자궁으로 되돌려 주어 3마리의 핵이식 쥐를 탄생시켰다. 그러나 이 3마리 쥐의 핵은 같은 개체에서 유래한 것이 아니었기 때문에 클론 쥐는 아니었다.

일멘제는 더욱 연구에 몰두하여 발생이 약간 진행된 쥐의 배(胚)에서 꺼낸 핵을 수정란에 이식하여 8마리의 쥐를 얻었다. 그중에서 3마리와 2마리가 각각 1개의 배에서 유래했기 때문에 클론 쥐의 창출(創出)에 성공했다. 이것은 1981년 11월 19일 자로 일본 아사히신문 조간 1면에 톱기사로 보도되었다.

과연 클론 인간도 가능한가?

몇 해 전에 화제가 되었던 「복제 인간」의 탄생은 결국 조작된 얘기라는 것이 밝혀졌다. 쥐에서 클론화가 성공했기 때문에, 사회적인 윤리성만 도외시한다면, 인간에게 응용하려고 한다 해도 불가능한 일은 아닐 것이다. 다만 우리로서는 그런 짓을 감행하려는 「악마」가 나타나지 않기를 바랄 뿐이다.

그러나 소설에서와 같은 「복제 인간」의 탄생은 불가능하다. 자신의 복제를 만들고 싶을 때는 이미 인간의 세포핵은 분화기능을 반복할 수 없게 되어 있기 때문이다. 발생 초기의 핵이 아니고서는 그런 능력이 없다.

2장

남과 여

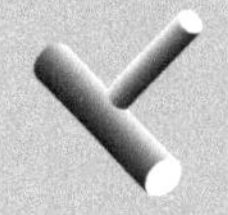

요즘에는 남성인지 여성인지 알쏭달쏭한 사람들이 많아지고 있는데, 그래도 보통은 남녀가 쉽사리 식별된다. 머리카락, 용모, 피부의 윤기, 목소리, 몸매 등등. 사춘기의 2차 특징이 나타나기 전이라도 구별이 된다. 물론 성기(性器)의 차이는 출생 직후에도 명백하다.

도대체 남성과 여성을 결정하고 있는 것은 무엇일까?

인간의 염색체는 몇 개인가?

생물학자들은 남성과 여성의 차이를 유전에 관여하는 염색체의 수에서 확인해 볼 수 있을 것이라고 생각했다. 염색체란 세포의 핵 안에 있고, 유전을 관장하는 유전자(遺傳子)를 보전하고 있는 것이다. 즉 염색체야말로 인간의 본성을 결정하고 있는 것이다.

염색체는 평소에 핵 속에서 풀어져 있기 때문에 형태가 뚜렷하지 않다. 그리고 세포가 분열할 때, 어느 시기에만 실 모양(絲狀)이 되어서 모습

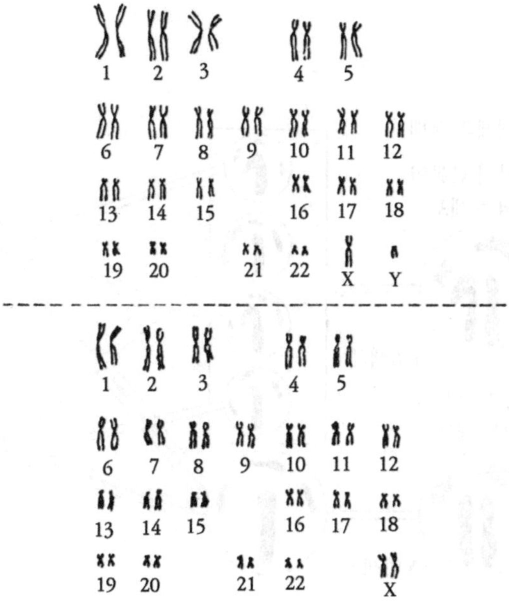

1 2 3 4 5
6 7 8 9 10 11 12
13 14 15 16 17 18
19 20 21 22 X Y

1 2 3 4 5
6 7 8 9 10 11 12
13 14 15 16 17 18
19 20 21 22 X

2-1 | 인간의 염색체는 남녀 모두 46개이다. 그중 남자는 XY, 여자는 XX의 성염색체가 포함되어 있다

을 나타낸다. 그때는 같은 수만큼 복제가 되어, 2개로 쪼개진 세포에 본래와 같은 수의 염색체가 나누어지게 된다. 그러나 난자나 정자가 만들어질 때는 염색체의 수가 절반이 된다. 따라서 난자와 정자가 합체하는 수정 때 다시 본래의 염색체 수로 되돌아간다. 이렇게 해서 염색체 수는 대대로 일정하게 유지된다.

분열 중인 인간의 세포를 추출한다는 것은 곤란한 일인데다, 염색체의 수가 많기 때문에 정확한 수를 결정하는 데는 오랜 세월-실로 75년이라는 긴 세월-이 걸렸다. 1882년에 인간의 염색체 수가 24개 정도라는 최초의 보고가 있었다. 그 후 1912년에 이르러서 남자는 47개, 여자는 48

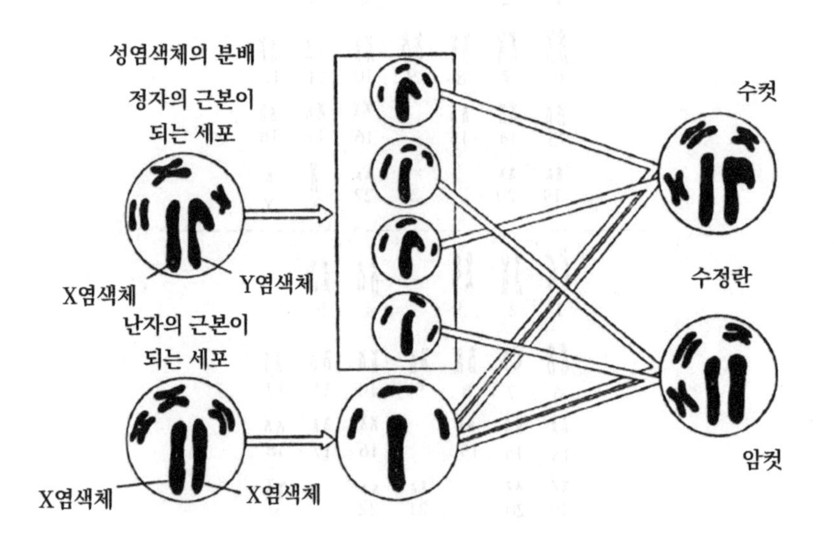

2-2 | 세포에는 염색체가 쌍으로 존재하는데, 성을 결정하는 성염색체는 형태가 다른 경우도 있다. 이것은 중요한 예외이다. 그림은 노랑초파리의 예를 가리킨다

개로 인정되었다. 이는 남녀에 공통인 염색체가 23쌍으로 46개이고, 남자에게는 성(性)염색체 X가 1개, 여자에게는 X가 2개라는 것이었다.

미국의 페인터(T. S. Painter)는 남자에게는 X 외에 Y라고 하는 작은 성염색체가 있어 결국 총 개수로 보면 남녀가 모두 48개씩으로 같은 수라고 주장했다(1923년). 이에 대해 일본의 오구마 마모루는 Y염색체는 존재하지 않는다고 반론했다. 그로부터 40년 이상이나 논쟁이 계속되다가 마침내 오구마의 주장은 소멸되고 말았다.

유리그릇 안에서 배양한 태아의 폐세포(肺細胞)를 써서 스웨덴의 두 과학자는 염색체의 수가 합계 46개라는 것을 확인했다(1956년). 그중 남자에게는 XY, 여자에게는 XX가 포함된다. 이렇게 해서 남자와 여자의 차이는 성염색체 Y라고 하는 단 1개의 성염색체 차이라는 것을 알게 되었다.

Y염색체는 생존 자체에는 필요하지 않다

터너(H. H. Turner)에 의해 발견된 터너 증후군(症候群)이라는 이름이 붙여진 선천성 이상(先天性異常)의 질병은 여성에게서 2500명에 한 명꼴로 볼 수 있다. 이 질병의 환자는 외관적으로 볼 때는 보통의 여성보다 약간 키가 작을 뿐이지만, 여성으로서의 발달이 제대로 되지 않고 임신을 하지 못한다. 터너 증후군에서는 성염색체 X가 1개밖에 없다.

이것은 X염색체가 1개만 있으면 불완전하기는 해도 여성으로서 살아갈 수 있다는 것을 가리키고 있다. 한편 Y염색체는 인간의 성을 남성으로 만드는 것이다. 그렇지만 인간의 생존에 있어서 이것이 절대적으로 있어야 하는 것은 아니다.

HY항원의 수수께끼

예로부터 피부 이식은 자기 것이거나 일란성 쌍둥이 사이가 아니면 정착하지 않는다고 알려져 있다. 그것은 자기 것이 아닌 단백질이 체내로 들어오면, 항체(抗體)라는 것이 생겨나 그 단백질과 결합하고, 이것을 백혈구가 잡아먹기 때문이다. 항체가 만들어진다는 것은 세균 등을 공격하는 데는 효과적이지만, 장기(臟器)의 이식에는 곤란한 문제이다. 심장이식이 결국은 실패로 돌아가고 있는 것도 이 때문이다.

2-3 | 일본 약학회에서 강연하는 오노 박사

동물에서는 근친교배—이를테면 남매 간의 결혼을 되풀이하면 유전적으로 볼 때 일란성 쌍둥이와 같은 순계(純系)가 된다. 순계의 동물, 이를테면 순계의 쥐에서는 서로 피부를 이식해도 거부반응이 일어나지 않는다. 사실 동성 간이나 암컷에서 수컷으로의 이식은 모두 잘 된다. 그런데 이상하게도 수컷의 피부를 암컷에다 이식하면 정착하질 않는다.

수컷에는 암컷에 없는 어떤 항체를 만들게 하는 것이 있는데, 항체를 만들게 하는 바탕이 되는 것을 항원(抗原)이라고 한다. 여기서 조직에 적합한 것과 부적합한 것을 결정하고, Y염색체와 관계된 것이라는 의미에서 이것을 HY항원이라고 명명했다. 1955년의 일이다.

오노 박사와 HY항원

캘리포니아주의 작은 마을에 있는 시티 오브 호프 의학 연구 센터는 미국에서도 유명한 의학연구소이다. 이곳의 생물부장으로 있는 오노 스스무 박사는 25년 동안 미국에 머물고 있으면서 HY항원의 수수께끼를 밝혀내 노벨상 후보의 한 사람으로 꼽히고 있다.

그는 갓 태어난 쥐의 정소(精巢)세포를 해체하여 유리그릇 속에서 배양하자, 얼마 후 본래의 관상구조(管狀構造)가 형성되었다. 거기에다 HY항원과 반응하는 항체를 가하자 정소세포는 관을 만들지 않고 보통의 덩어리가 되었다. 또 정소세포를 배양하고 있던 배양액 속에서 암컷의 난소세포를 배양하면 정소의 관상구조를 만든다는 것을 알았다. 이 실험에서 HY

항원이야말로 수컷으로 만드는 물질인 것을 알았다. 1979년 오노 박사는 그것이 분자량 18,000의 단백질임을 확인했다.

그는 또 1982년, HY항원을 만드는 유전자를 수컷의 배양세포에서 추출하는 데 성공했다. 바로 Y염색체 중 남성으로 만드는 유전자이다.

여자를 남자로 만드는 기구

인간의 본성은 원래 여자로 되어야 하는 운명에 있다고 볼 수 있다. 왠지는 알 수 없으나 Y염색체가 없으면 X염색체가 1개더라도 여자가 된다.

태아 시기에 Y염색체는 HY항원을 생성시켜 몸속으로 골고루 퍼지게 함으로써, 난소가 되어야 하는 생식선(生殖腺)을 정소로 개조해 버린다.

정소가 형성되면 그것은 테스토스테론(testosteron)이라는 남성호르몬을 분비한다. 남성호르몬이라고 하면 사춘기의 변화를 생각하겠지만, 태아 후기에는 이미 이것이 기능을 발휘하고 있다. 이 남성호르몬이 남성의 생식기 발달을 촉진하는 것이다.

또 남성호르몬은 대뇌의 발달에도 영향을 끼쳐서 남성다운 성격과 사고(思考)를 가져오게 하는 대뇌의 네트워크를 형성하게 한다. 인간의 남성다움이란 후천적인 버릇 들이기에도 물론 크게 영향을 받지만 이미 아기 때부터 그렇게 운명 지어져 있는 것이다.

알 수 없는 HY항원의 기능

남성을 만드는 단백질인 HY항원의 기능구조는 어떻게 되어 있는 것일까? 난소가 되어야 할 세포를 정소로 바꾸어 놓는 기능은 알고 있다. 그러나 어떻게 해서 그렇게 되는 것인지에 관해서는 전혀 알지 못하고 있다. 앞으로 밝혀져야 할 문제이다.

HY항원은 차라리 생물의 분화(성의 분화도 그것의 하나)를 일으키는 최초의 물질로서 주목할 값어치가 있다. 더구나 그것은 Y염색체 유전자의 산물로 파악되고 있다. 1만 명에 한 사람꼴로 XX형 남성이 존재하는데, 이것은 HY항원을 가졌으면서 Y염색체의 유전자가 X염색체로 이동했기 때문이다.

1982년 4월, 일본약학회(日本藥學會)의 초청으로 귀국한 오노 박사는 그의 특징인 코밑의 팔자 수염을 치켜올리면서 이렇게 말했다.

「미국의 연구소에서는 점심시간에 여러 사람이 의견을 교환하며 그 순간을 즐기지요. 전문 분야가 다른 사람들의 잡담 가운데서 뜻밖의 아이디어가 생기는 것입니다. 일본에서는 후닥닥 먹어치워 버리지만요. 내가 하는 일의 발상도 런치 타임에서 나온 것입니다. 그러므로 내가 일본에 있었더라면 그런 일은 아마 불가능했을 것입니다.」

3장

단백질이란

아프리카의 적도 지대에서는 현재도 낫세포 적혈구 빈혈증이라고 불리는 유전병을 볼 수가 있다. 이 병은 산소를 운반하는 적혈구의 형상이 낫과 같은 모양을 하고 있어 쉽게 파괴되기 때문에 빈혈을 일으킨다. 양친이 이 병에 걸려 있을 때 아이들은 모두 빈혈증 환자가 된다.

부모 중 한쪽이 병에 걸려 있고 다른 한쪽이 정상일 경우, 아이는 외형상으로는 정상이지만 혈액을 조사하면 적혈구의 약 4할이 낫 모양을 하고 있다. 이 병은 생활을 하는 데는 적합하지 못하지만 그렇다고 치명적인 것은 아니다. 또 한 가지 사실은 이 환자는 열대지방의 풍토병인 말라리아에 저항성이 있다는 것이다.

말라리아는 원충(原蟲)이 적혈구 속에서 증가하여 적혈구를 파괴하기 때문에 일어나는 병이다. 그런데 낫세포 적혈구증에서는 산소와 결합하지 못한 헤모글로빈이 굳어질 때, 속에 있는 원충이 짓눌려 죽어 버리는 것이다.

산소를 운반하는 헤모글로빈

적혈구 속에는 다량의 헤모글로빈이라는 혈색소(血色素)가 있는데 이것이 산소를 결합하여 체내로 운반한다. 적혈구가 없는 혈액 100㎖ 속에는 산소를 불과 0.5㎖밖에 녹여 넣지 못한다. 그러나 적혈구가 있으면 25㎖나 되는, 즉 50배나 되는 산소를 함유할 수 있다. 참고로 말하면 혈액 100㎖ 속에는 5,000억 개의 적혈구가 떠 있고, 그 적혈구 무게의 3할을 헤모글로빈이 차지하고 있다.

산소가 결합하는 것은 헴(heme)이라고 불리는 철을 함유한 물질이다. 헤모글로빈은 헴의 30배 가까이나 되는 큰 형태의 물질 4개로 구성되어

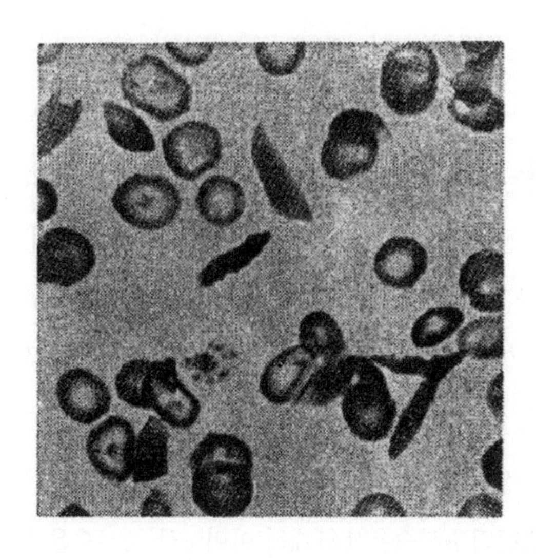

3-1 | 헤모글로빈 β사슬의 6번째만 다른 아미노산을 가지면 적혈구 자체의 모양이 초생달꼴(낫형)이 된다

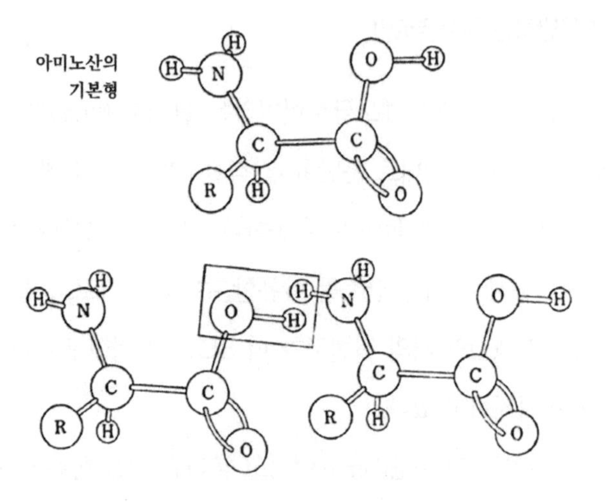

3-2 | 아미노산에는 공통으로 NH_2의 아미노기와 COOH의 카르복실기가 있다. 이 부분이 반응하여 물(H_2O)이 제거되고 아미노산이 결합해서 단백질이 된다

있고, 그 각각이 헴과 결합해 있다. 4개는 같은 물질이 2종류 2개씩으로 구성되어 있는데 각각 알파(α)사슬, 베타(β)사슬이라 불린다.

헤모글로빈의 4개의 사슬은 많은 아미노산이 배열되어 이루어져 있다. 아미노산은 아미노기(amino group)와 카르복실기(carboxyl group)를 가진 물질로 약 20종류가 있으며, 생물의 생존에 없어서는 안 되는 절대적인 것이다. 아미노기와 카르복실기가 결합한 아미노산이 여러 개 연결된 것이 단백질이다(그림 3-2).

헤모글로빈의 α사슬은 141개의 아미노산, β사슬은 146개의 아미노산으로 되어 있다. 이 아미노산의 배열 순서는 일정하게 정해져 있고, 그

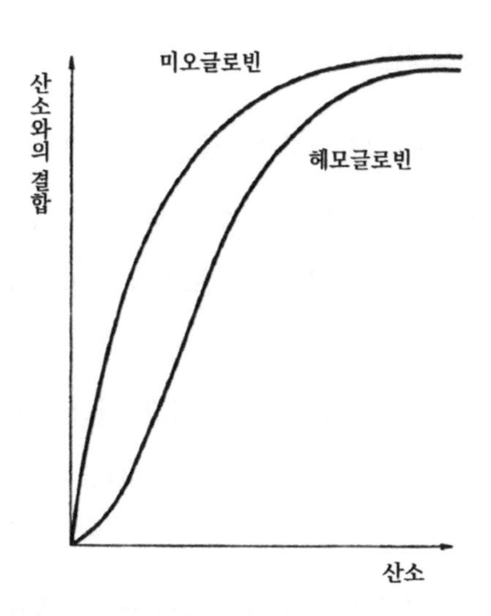

3-3 | 미오글로빈은 산소 농도가 증가하면 결합하는 산소량이 단조롭게 증가한다. 한편 헤모글로빈은 산소 농도가 적을 때는 결합량이 훨씬 적고, 일정량을 넘으면 급격히 증가한다

배열이 단백질의 성질을 결정하고 있다. 낫세포 적혈구증의 헤모글로빈은 정상적인 헤모글로빈과 비교하여 β사슬의 아미노산 1개만 다를 뿐이다. β 사슬의 6번째의 아미노산은 정상적인 적혈구에서는 글루타민산(glutamic acid)인데, 낫세포 적혈구증에서는 발린(valine)으로 치환되어 있다.

단지 요만한 차이 때문에 산소가 헴에서 떨어져 나갈 때 헤모글로빈이 모여들어서 굳어진다. 정상적이라면 헤모글로빈은 흩어져 있지 결코 집합하는 일이 없다.

또 중요한 것은 이 단백질의 아미노산 배열이 직접유전자의 지배 아래 있다는 점이다. 낫세포 적혈구증의 유전이 이것을 명확히 가리키고 있다.

헤모글로빈과 미오글로빈

헤모글로빈은 α사슬 2개와 β사슬 2개가 모여서 되어 있다. 그런데 근육에는 미오글로빈(myoglobin)이라는 산소 결합 단백질이 있다. 이것은 153개의 아미노산으로 구성되고 헤모글로빈의 α, β사슬과 흡사한 아미노산 배열을 가지고 있다.

미오글로빈과 헤모글로빈의 차이는 산소의 결합방법에 있다. 미오글로빈은 산소의 농도가 증가하는 데 따라서 결합하는 산소량이 단조롭게 증가한다.

그러나 헤모글로빈 쪽은 산소 농도가 낮을 때는 결합하는 산소량이 미오글로빈보다 훨씬 적다. 그러나 산소 농도가 어느 정도 증가하면 급격히 결합 산소량이 증가한다. 이것은 체내의 산소 운반에 중요한 의미를 지니고 있다. 산소 농도가 높은 허파에서 산소와 충분히 결합한 헤모글로빈은 혈류에 의해서 산소 농도가 낮은 체내 조직으로 보내져 거기서 다량의 산소를 방출한다. 그러므로 미오글로빈보다 훨씬 효율적으로 산소를 운반할 수 있는 것이다.

이 차이는 무엇일까? 헤모글로빈에 4개의 사슬이 존재하는 의미가 여기에 있다. 각각에 산소가 결합하지만 산소 농도가 낮을 때는 그 어느 것에도 산소가 결합하기 어렵다. 그런데 1개의 사슬(α이건 β이건 간에)에 산소가 결합하면 사슬의 형태가 변화하면서 다른 3개의 사슬에 영향을 끼쳐서 산소와 결합하기 쉬워진다. 그래서 급격히 산소가 결합하게 된다. 반대로 산소 농도가 낮아지면 서로가 산소를 방출하기 쉬워진다.

많은 수의 아미노산이 결합하여 단백질이 만들어진다

단백질 중에는 생물의 체내에서 갖가지 화학반응을 원활하게 만드는 효소의 구실을 가진 것이 많다. 이를테면 소화효소는 먹이로 섭취한 전분, 지방, 단백질을 각각의 성분으로 분해하여 흡수하기 쉽게 만든다. 단백질은 거대한 물질이므로 그대로는 소장의 세포 내에 들어가지 못한다. 위나 췌장이나 소장에서 분비된 단백질 분해효소가 결국은 아미노산까지 분해시켜 세포 안으로 흡수되게 한다.

그런데 단백질을 분해하는 것은 그리 쉽지 않다. 시험관 안에서는 강한 산(acid)의 존재 아래서 100℃ 이상으로 가열하지 않으면 아미노산이 되질 않는다. 하지만 체내에서는 체온 아래의 중성 수용액(水落液)에서 분해된다. 그것은 단백질 분해효소의 작용에 의한 것이다. 효소는 그 자체가 거대한 단백질이지만, 그 일부분에 오목한 곳이 있어서 다른 단백질의 일정한 부분과 결합하고, 그 오목한 곳이 움직여서 아미노산 사이의 결합을 절단한다.

효소는 약 2,000종류나 되며, 각각 일정한 반응을 촉진하면서 생존에 필요한 에너지를 얻어서 자신을 위한 물질을 만들어 간다. 촉매작용(觸媒作用)을 가진 단백질이라고 하는 것이 효소의 정의이다.

단백질은 세포의 형태와 세포 내의 여러 가지 구조를 조립하고 있다. 단백질에는 여러 가지 종류가 있다. 근육은 운동하기 위한 조직인데, 수축은 미오신(myosin)과 액틴(actin)이라 불리는 2종류의 단백질이 매우 가느다란 필라멘트를 만들고 있으므로 인해 일어난다. 이들은 어느 세포에

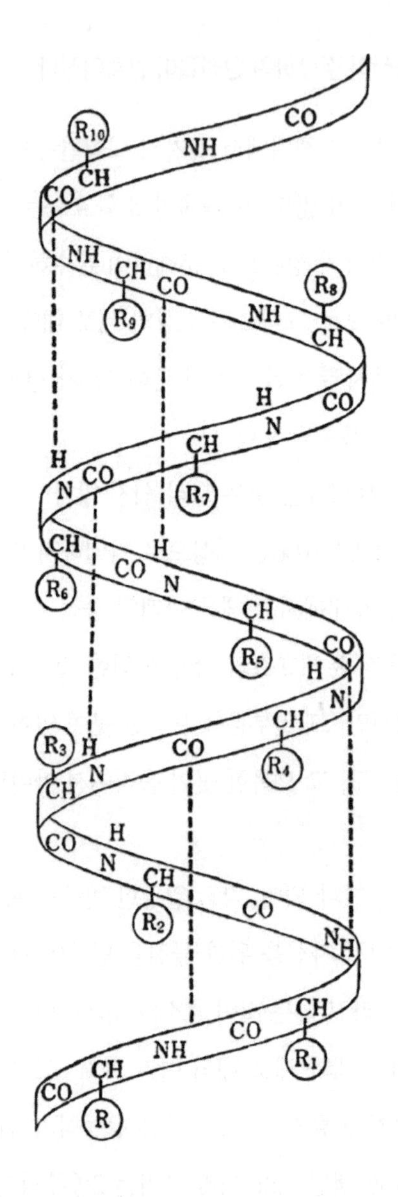

3-4 | 많은 아미노산이 결합해서 단백질이 만들어진다. -NH-와 -CO-가 서로 잡아당겨서 나선 모양으로 되는 경우가 많다

도 있으며 세포의 형태를 바꾸거나 세포 내에 유동(流動)을 일으키는 데에 관여하고 있다.

단백질의 종류는 무한하다

우리의 체내로 세균 등이 침입하면 면역(免疫)이라는 현상이 일어난다. 이것은 자기 것이 아닌 다른 종류의 단백질이 혈액 속으로 들어오면 그것과 결합해서 침전(沈澱)시켜 버리는 항체가 만들어지기 때문이다. 그러면 백혈구가 모여서 그 침전물을 집어삼켜 버린다. 많은 질병에 대한 면역은 이렇게 해서 생긴다.

혈액 속의 임파구 일종은 다른 종류의 단백질을 자기 것이 아니라고 인정하고 그것하고만 결합하는 항체를 만들어낸다. 항체의 종류는 수만 종에 이르는 것으로 보이며, 어째서 그와 같이 다양한 항체가 만들어지는 것인지는 오랫동안 수수께끼에 싸여 있었다.

최근 분자생물학의 진보는 그 수수께끼를 풀어나가고 있다. 연구자에 의한 그 해답은 14장에서 소개하기로 한다.

생물체가 갖는 단백질은 생물의 종류에 따라 개체에 따라 다르며, 조직에 따라서도 다른 것이 있다. 글자 그대로 생물 특유의 물질이다. 어째서 그렇게도 많은 종류가 있을 수 있는 것일까? 대답은 간단하다.

단백질은 보통 100개 이상의 아미노산으로 구성되고 그 하나하나의 배열 순서에 따라서 종류가 정해지기 때문이다. 낫세포 적혈구증 헤모글로빈의 예를 떠올려보기 바란다.

지금 20종류의 아미노산 100개가 배열된 단백질의 종류를 계산해 보기로 하자. 그 종류는 20^{100}이다(중복을 허용한 순열을 조합한 수이다). 이것은 10^{130}에 해당하며 엄청난 종류이다. 1조(兆)는 10^{12}에 불과하다. 지구 위에는 120만 종류에 이르는 생물이 존재하고, 각 생물이 약 1만 종류의 단백질을 가졌다고 한다. 그들의 모든 아미노산 배열이 다르다고 하더라도 계산값의 극히 일부에 지나지 않는다. 이들 단백질의 아미노산 배열은 유전적으로 결정되어 있다. 다음에는 단백질에 대응하는 유전물질 DNA를 살펴보기로 하자.

4장

DNA란

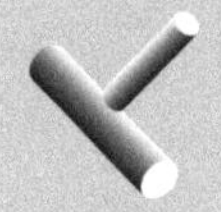

폐렴을 일으키는 병원균을 한천 위에서 배양하면 증식(增殖)하여 집단을 형성한다. 이 집단은 불룩하고 매끄럽다. 현미경 아래서 균 1개를 관찰하더라도 매끈매끈한 구형(球形)을 하고 있다. 그래서 스무스(S)형 균이라고 불린다. 그런데 S형 균을 오랫동안 나쁜 조건 아래서 배양했을 때 생기는 R형 균은 집단의 형상이 꺼칠꺼칠하고 불투명하며, 균 자체의 형상도 불규칙하고 작다. 그래서 이것에는 러프(R)형 균이라고 이름 붙였다. 이 R형 균은 동물에 주사해도 폐렴을 일으키지 않고 독성도 없다. 더구나 일단 R형이 되고 나면 대대로 독이 없는 채로 있으며 병원성(病原性)인 S형으로 되지 않는다.

유전물질의 DNA

1928년, 영국의 세균학자 그리피스(F. Griffith)는 열로 살균한 S형 균에 소량의 살아 있는 무독성 R형 균을 섞어서 생쥐에다 주사해 보았다. 그러자 생쥐는 폐렴을 일으켜 죽고 말았다. 그 생쥐에서 채취한 혈액 속에는 살균되었을 것인 S형 균이 발견되었다.

「무엇인가가 폐렴균의 형태나 성질을 바꾸는 것임에 틀림없다」라고 에이브리(O. T. Avery)는 그리피스의 실험을 반복하면서 생각했다. 그는 뉴욕의 록펠러 의학연구소의 학자였다. 그는 살균한 S형 균의 추출액을 R형 균의 배양액에 넣음으로써 S형으로 바꾸는 데 성공했다. 더구나 그 S형 균은 대대로 그 성질을 보전했다. R형을 S형으로 만드는 유전물질을 찾아서 에이브리는 실로 10년 동안 노력을 계속했다. 그리하여 1944년에 그것이 DNA라는 것을 규명했던 것이다. 그때 에이브리는 예순일곱 살이 되어 있었다.

DNA의 발견

1869년, 스물다섯 살의 청년 의사 미셔(J. F. Miescher)는 고름에서 이상한 물질을 채취했다. 그는 튜빈겐 대학 병원에서 교환된 붕대에 묻어 있는 고름을 묽은 염산으로 씻어냈다. 고름은 죽은 백혈구가 주성분이며 큰 세포핵을 포함하고 있었다. 미셔는 이 핵으로부터 새로운 물질을 추출하여 뉴클레인(nuclein: 핵물질)이라 명명했다. 그것은 산성으로서 인을 많이 포함하고 있었다. 뉴클레인은 인산과 당과 4종류의 염기로 구성되어 있다는 것이 독일 화학자들의 노력으로 밝혀졌다.

핵산의 당에는 2종류가 있는데, 하나는 세포핵에 있는 디옥시리보스(deoxyribose)이고, 다른 것은 이스트(yeast)에 포함되는 리보스(ribose)라는 것을 1929년에 밝혀냈다. 전자는 DNA(디옥시리보핵산)로, 후자는 RNA(리보핵산)라고 불리게 되었다.

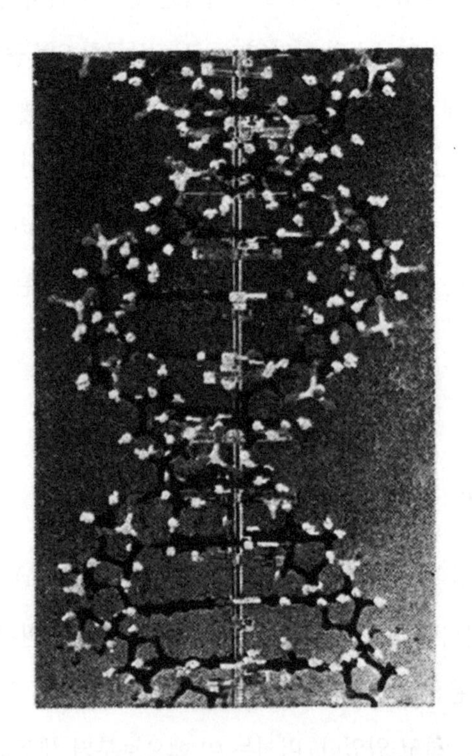

4-1 | DNA의 분자 구조 모형. 아데닌·티민, 구아닌·시토신의 각 뉴클레오티드쌍은 각각 수소결합으로 연결되어 있다

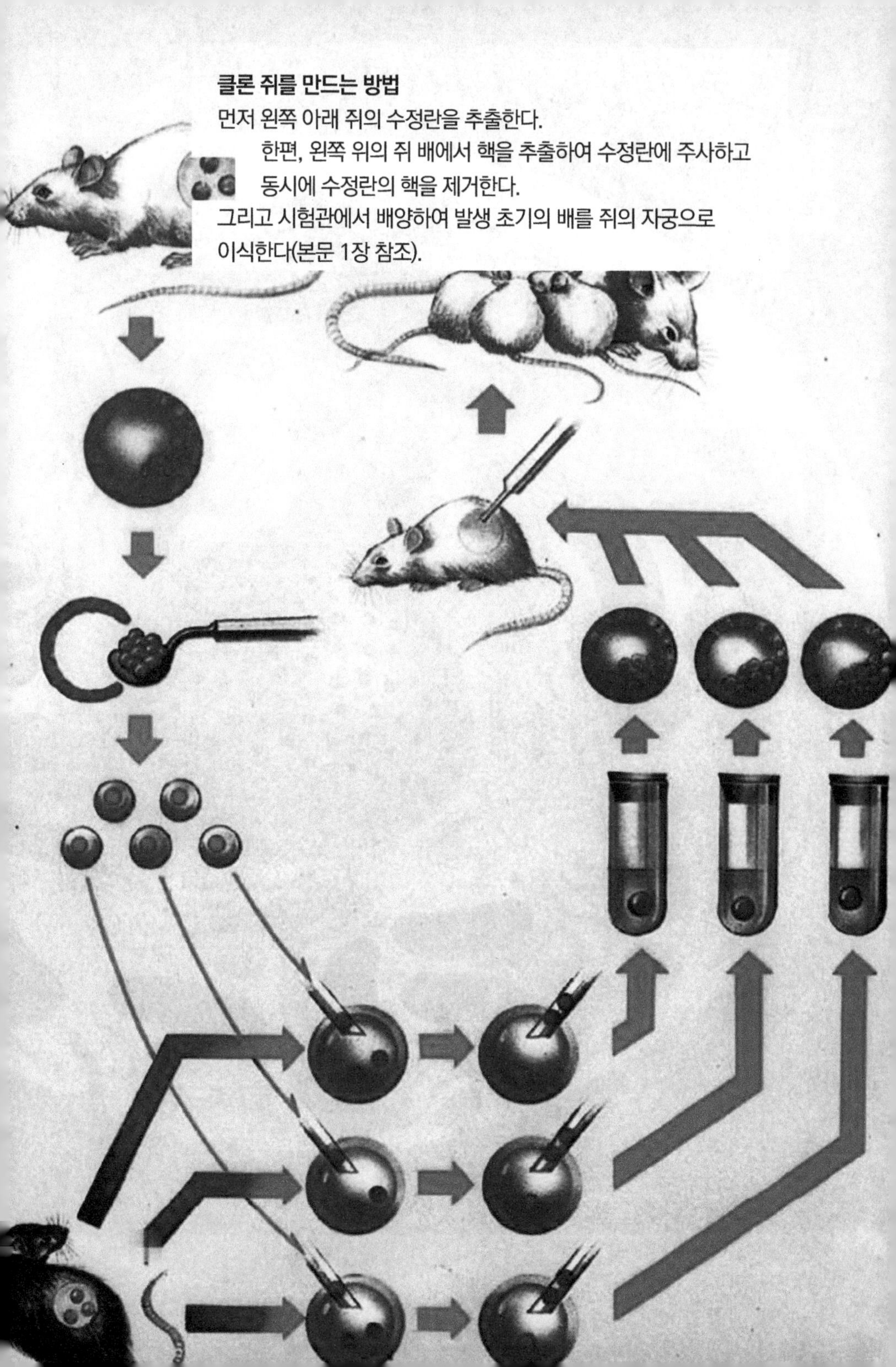

클론 쥐를 만드는 방법

먼저 왼쪽 아래 쥐의 수정란을 추출한다.
한편, 왼쪽 위의 쥐 배에서 핵을 추출하여 수정란에 주사하고 동시에 수정란의 핵을 제거한다.
그리고 시험관에서 배양하여 발생 초기의 배를 쥐의 자궁으로 이식한다(본문 1장 참조).

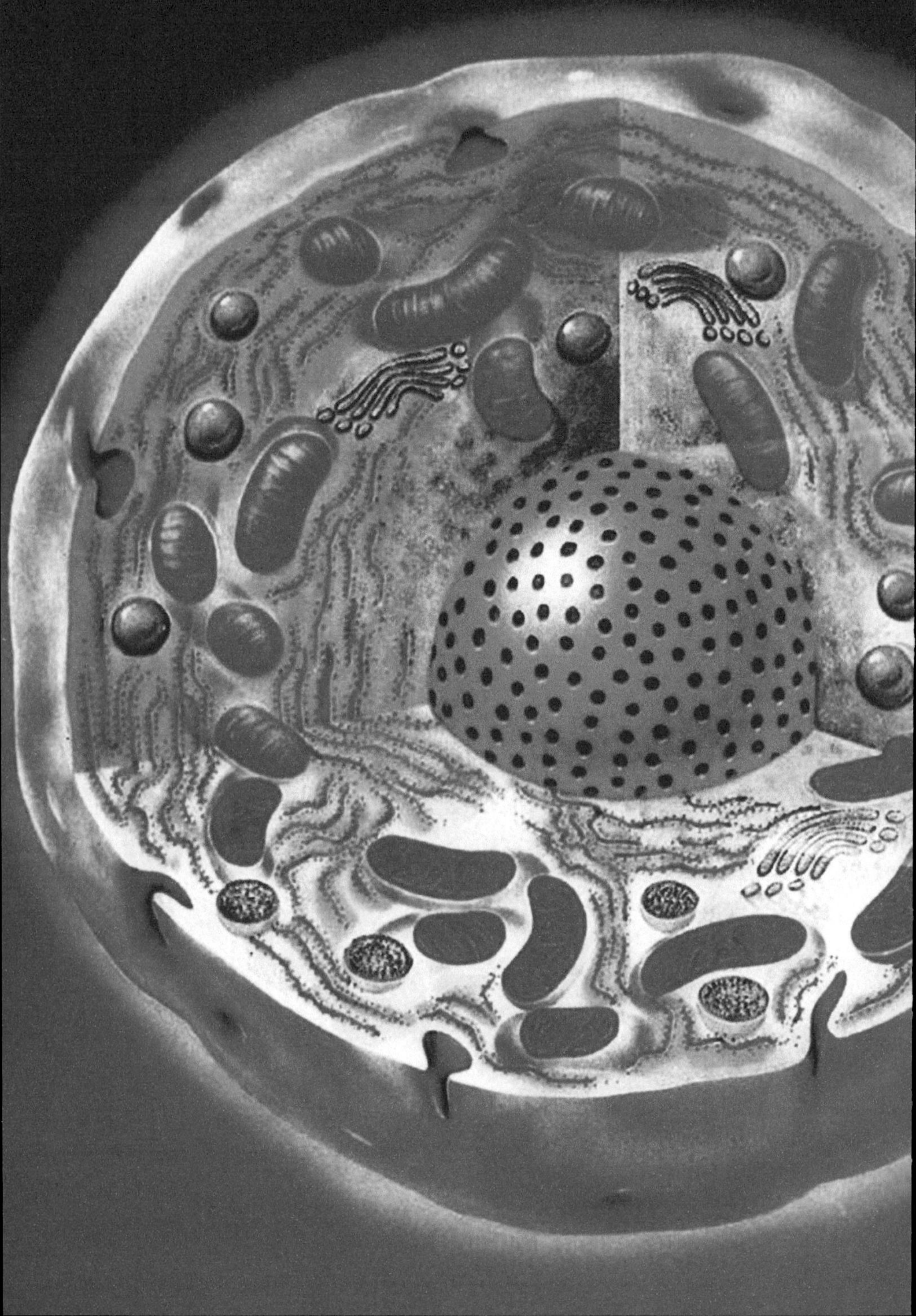

세포의 구조

중앙의 오렌지색 부분이 핵이고, 핵 속의 또 다른 오렌지색 부분이 인(仁)이다. 또 보라색은 미토콘드리아, 연녹색은 리보솜이다(본문 1장 참조).

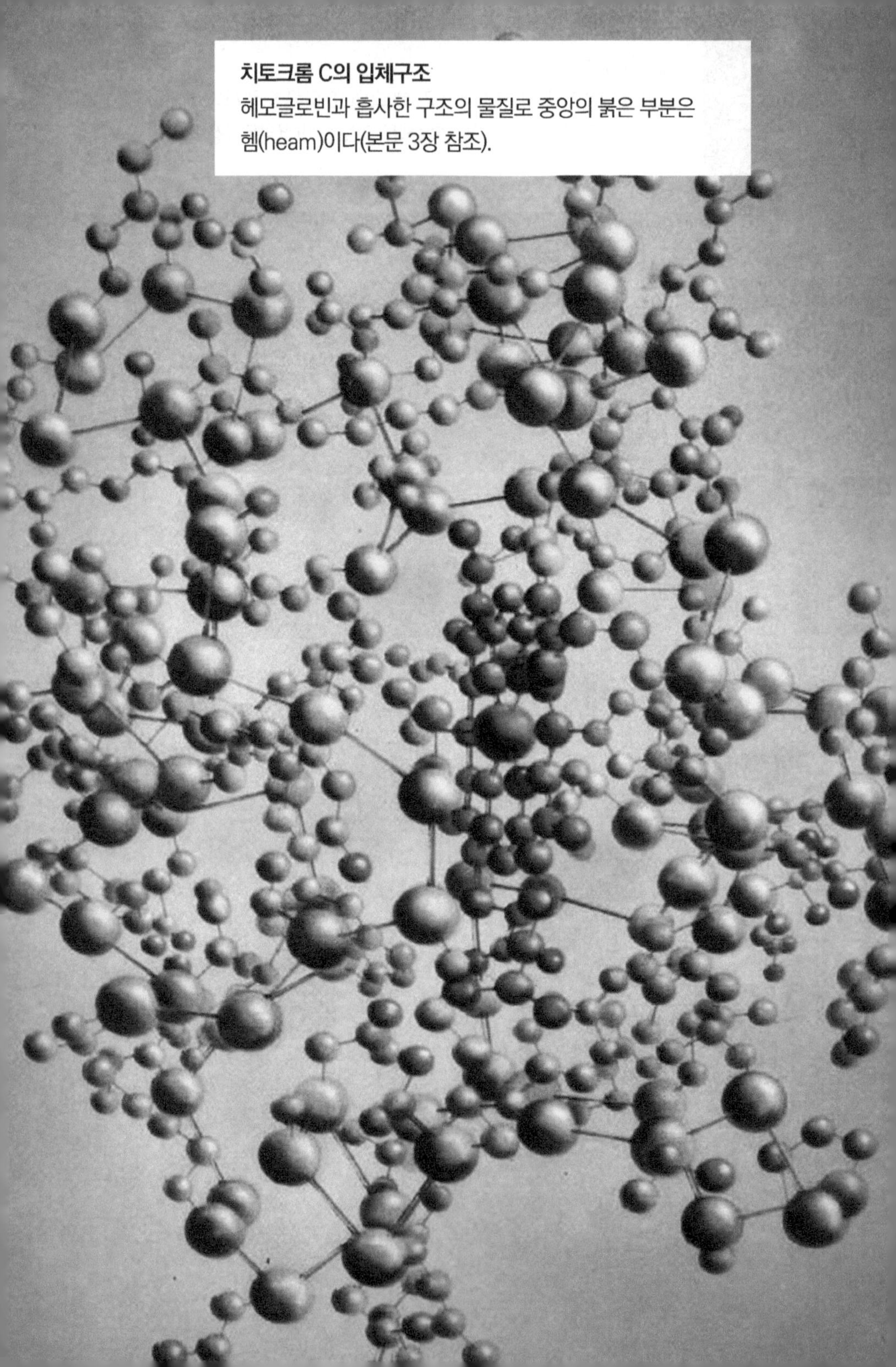

치토크롬 C의 입체구조
헤모글로빈과 흡사한 구조의 물질로 중앙의 붉은 부분은 헴(heam)이다(본문 3장 참조).

그러나 DNA의 기능은 오랫동안 밝혀지지 않았다. 생물의 주요 물질은 단백질이고 유전물질도 단백질임에 틀림없다고 생각하고 있었다. 따라서 에이브리가 유전물질은 DNA라고 주장했을 때도 많은 사람이 이것을 인정하려 하지 않았다. 그 때문에 노벨상 선고(選考)위원회는 에이브리에 대한 수상을 부결하고 말았다.

이중나선

1953년, 영국의 왓슨(J. Watson)과 크릭(H. C. Crick)이 DNA의 이중나선 모델을 제창했다. DNA가 유전물질이라는 것을 명확히 제시한 것이다. 이중나선은 각각 짝을 이루고 있고, 자기 복제가 가능하다는 것을 밝혀냈다. 그 짝에는 DNA의 4종류 염기인 아데닌(adenine: A)과 티민(thymine: T), 구아닌(guanine: G)과 시토신(cytosine: C)이 관여하고 있다. 이 이중나선 모델은 너무도 훌륭했기 때문에 DNA의 유전물질로서의 역할을 금방 인정받았던 것이다. 그때 당시 에이브리는 완전히 잊혀져 있었다. 그는 불운 속에서 1955년에 사망했다. 행운을 잡은 왓슨은 스물다섯 살의 나이로 모델을 조립하여 34세에 노벨상을 수상했다.

그런데 DNA의 유전적 역할 자체는 세균에 기생하는 바이러스에서 확인되고 있었다. 박테리오파지(bacteriophage)라 불리는 바이러스는 DNA를 단백질의 껍질로 덮고 있다. 세균의 표면에 바이러스가 붙으면, 단백질 껍질은 남기고 DNA만 균 안으로 주입한다. 껍질은 균의 표면에 남는다. 그 DNA는 세균 안에서 증식하고 새로운 단백질 껍질을 만들어서 수백 개의 바이러스가 생성된다. 바이러스의 DNA는 자기를 복제하는 데 충분한 정보를 가졌을 것이 틀림없다.

유전자란?

멘델(J. G. Mendel)의 유전법칙 발견 이래, 세포의 핵 속에는 유전자가 꽉 차 있어서 같은 것이 자손에게 전달되는 것이라고 알려져 왔다. 유전물질이 DNA라면 유전자 자체가 DNA로 이루어져 있을 것이다. 세포핵 속에는 염색체라는 구조가 있고, 세포가 분열할 때는 같은 수의 염색체가 새로이 만들어져서 딸세포에 나누어진다. 염색체가 유전자의 존재 장소

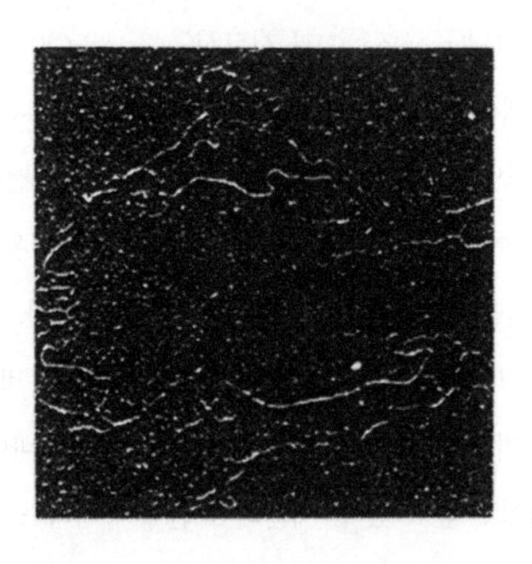

4-2 | 미국 청개구리에서 추출한 DNA

라는 것은 명백한 일이다.

사람의 세포 1개에는 46개의 염색체가 있다. 이 속에 함유되는 DNA를 이중나선을 통해 연장하면 전체 길이가 1m나 된다. 염색체의 길이는 1마이크로미터(μm, 1000분의 1㎜) 정도이므로, DNA는 실로 1만분의 1쯤으로 오그리고 있는 셈이다. DNA는 어떻게 해서 그토록 작은 하나의 다발로 되어 있는 것일까? DNA가 일곱 겹으로 접혀 뉴클레오솜(nucleosome)이라는 작은 알갱이가 되고, 이것이 끈 모양으로 집합하여 다시 차곡차곡 접히고 포개어져 염색체를 형성하는 것이라고 생각하고 있다. 세포가 분열할 때는 DNA의 이중나선이 풀어져서 각각이 쌍을 이루게끔 복제가 만들어진다. 복잡하게 접힌 거대한 DNA의 정확한 복제가 만들어지는 메커니즘에 대해서는 아직 충분히 밝혀지지 않고 있다.

DNA에는 4종류의 염기(A, T, G, C)가 있다. 이들의 배열방법이 유전 정보이다. 3종류의 염기 배열한 세트가 단위이므로 이것을 삼련자정보(三連子情報)라고도 부른다. 삼련자는 단백질 속의 아미노산 1개에 대응한다. 즉 유전자 정보란 단백질의 아미노산 배열을 결정하는 것이다. 단백질은 보통 300개 정도의 아미노산으로 구성되어 있기 때문에 그것들의 배열 순서를 결정하는 염기수는 900개쯤 된다. 이것이 1개의 유전자에 해당한다.

사람의 세포 1개당 염기쌍 수는 약 60억 개나 된다. 염색체는 2세트가 있으므로 30억 쌍은 100만 종의 단백질의 정보량이 된다. 사람에게는 고작해서 수만 종의 단백질밖에 없으므로 90%의 DNA는 불필요한 존재이다. 이것들은 유전자 사이에 존재하며 정보에는 관계가 없는 것으로 보인다. 그러나 이들을 「이기적(利己的) DNA」라고 부르며, 생물의 생존에 필요했던 것이라고 보는 사람도 있다.

DNA학의 의의

생명현상은 도저히 알 수 없는 불가사의한 것이다. 간단한 바이러스나 세균으로부터 식물, 동물에 이르기까지 천차만별의 각양한 생물이 존재하는 복잡한 세계로 간주되어 왔다. 따라서 물리학이나 화학의 법칙은 적용할 수 없는 것이라고도 생각되었다.

DNA학(學)은 생명현상을 통일하는 원리를 가지고서 등장했다. 즉 생명 모두에 공통되는 것은 DNA의 정보이고, 그것은 유전되어 단백질로서 표현된다.

복잡해 보이는 생명현상도 결국은 각양한 단백질이 나타내는 작용에 의해 이루어진다. 따라서 대뇌의 기능처럼 단백질 수준에서의 기구를 알 수 없는 것이라도 이윽고 해명되어 갈 것이다. 발생 과정처럼 DNA 정보의 순서를 쫓는 발현기구도 그러는 동안에 밝혀질 것이다. 이와 같은 논리적인 기초를 부여한 점에 DNA학의 의의가 있다. 물론 실제의 연구는 요원하고 험난한 곤란을 겪고 있기는 하지만 말이다.

또 DNA학은 유전공학을 비롯한 바이오테크놀로지(biotechnology)의 개발을 가능한 것으로 만들었다. 따라서 DNA학은 과학뿐만 아니라 응용기술에서도 획기적인 개혁을 가져오고 있다고 말할 수 있다.

5장

DNA의 구조와 그 해독방법

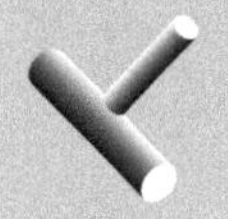

유전자 정보를 그대로 다음 세대로 전달하는 DNA의 이중나선 구조는 생명의 기구 중에서도 가장 기본적인 특성이다. 얼마나 정묘하게 되어 있는 것인가를 살펴보기로 하자.

DNA의 구조

DNA는 염기와 당(디옥시리보스)과 인산으로 이루어지는 단위(뉴클레오티드)가 수많이 연결되어 있다. 당을 결합하는 인산결합이 DNA 사슬의 방향을 결정하고 있으며, 보통 5′— 3′ 방향, 3′— 5′ 방향이라고 한다. DNA의 이중나선은 각각 사슬의 방향이 반대이다.

당에 결합한 염기에는 4종류, 즉 아데닌(A), 티민(T), 시토신(C), 구아닌(G)이 있다. 그리고 A와 T, C와 G는 반드시 서로 짝을 짓는다. 이것은 A와 T에는 2개, C와 G에는 3개의 수소결합이라고 불리는 약한 화학결합

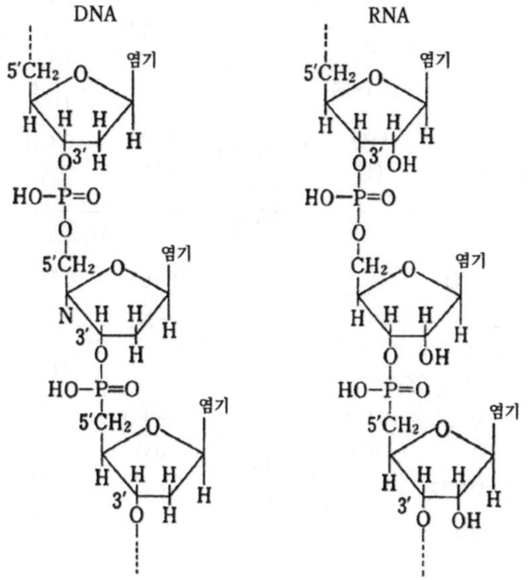

5-1 | DNA(좌)와 RNA(우)의 사슬 구조

5-2 | DNA 이중나선의 각각은 사슬의 방향이 반대이다

5-3 | DNA 염기 간의 상보결합. 아데닌(A)과 티민(T)의 수소결합은 2개, 구아닌(G)과 시토신(C)의 수소결합은 3개로 후자의 결합이 강하다

을 만들기 때문이다. 이 AT, CG라는 쌍은 상보관계(相補關係)라고 불리며, DNA 구조의 가장 중요한 성질로서 유전 정보의 전달에 불가결한 것이다. 왜냐하면 이중나선의 각각을 주형(鑄型)으로 해서 새로운 DNA를 만들 때, 반드시 상보적인 염기를 가진 뉴클레오티드가 선택되어 그 결과로 똑같은 이중나선이 만들어지기 때문이다. 그때 염기 배열의 순서는 상보관계로 인하여 그대로 유지된다. 염기 배열 자체가 유전 정보이므로 그 중요성을 알 수 있는 것이다.

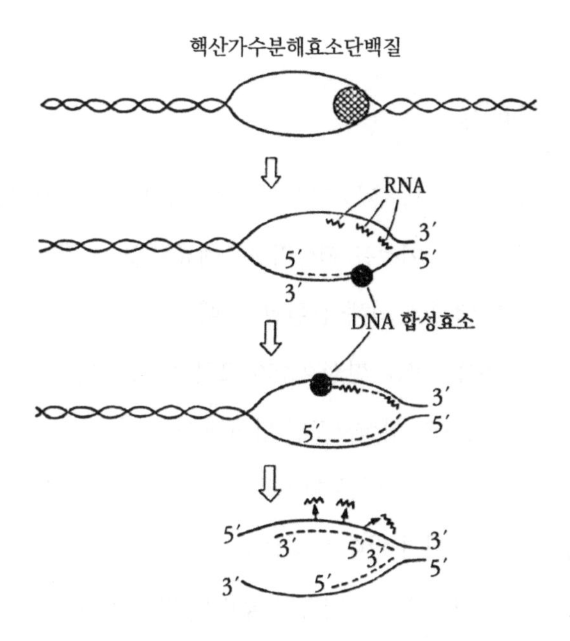

5-4 | DNA의 합성과정. DNA 합성효소가 분리된 DNA의 외가닥 사슬 중 3′-5′ 방향의 것에는 그것과 상보적인 DNA 사슬을 만들어간다. 또 한쪽 사슬을 반대 방향에 만들 때는 효소가 빙글 방향을 바꾼다

DNA의 복제기구는 콘버그(Kornberg) 부자(父子)를 비롯한 많은 연구자의 노력에 의하여 복잡한 경로가 밝혀졌다. 1956년에 아버지 아더 콘버그는 대장균으로부터 DNA를 주성으로 하여 아데노신(adenosine), 티미딘(thymidine), 시티딘(cytidine), 구아노신(guanosine)의 각 3인산으로부터 DNA를 합성하는 효소를 발견했다. 그 업적으로 콘버그는 1959년도 노벨 의학·생리학상을 받았으나, 이 효소는 주요한 역할은 하고 있지 않다는 것을 알았다. 1970년대가 되어 아들 콘버그가 주역인 DNA 합성효소를 발견하여 대강의 줄거리를 설명할 수 있게 되었다.

DNA의 복제과정

DNA 복제의 제일보는 이중나선의 수소결합을 절단하여 나선을 푸는 일에서부터 시작된다. 이것은 핵산가수분해효소 또는 헬리카제(helicase)라고도 불리는 단백질에 의해 진행된다. 떼어놓은 DNA의 1개 사슬 중 3′-5′ 방향의 것에는 DNA 합성효소가 그것과 상보적인 DNA 사슬을 만들어간다. 효소는 5′-3′ 방향으로만 합성해 가는 것이다.

그렇다면 반대 방향의 다른 한쪽은 어떨까? 참으로 이상하게도 효소가 빙글 방향을 바꾸어서 반대 방향으로 합성해 간다. 그때 작은 RNA가 필요하며 만들어진 DNA도 불연속의 작은 단편(斷片)이다.

이 RNA를 함유하는 신생 DNA 단편은 1968년에 일본의 오카자키 레이지에 의해 발견되어 큰 화제가 되었다. 오늘날에도 그것은 오카자키 단편(fragment)이라 불리고 있다. 이윽고 RNA 부분이 잘려져 나가고 그 부분의 DNA도 합성되고 연결되어서 DNA 사슬로 되어 간다. 이런 일이 차례차례로 진행되어 새로운 DNA의 합성이 이루어진다.

대장균의 DNA에서는 합성의 시각점이 미리 정해져 있고, 거기서부터 만들어져 가지만, 보통의 세포핵 안에서는 몇 군데에서 독립적으로 만들어지는 것 같다. 이와 같이 복잡한 과정에서는 착오가 일어나지 않을까 하고 생각될 것이다.

사실은 합성된 DNA 사슬이 주형의 그것과 상보관계에 있는지 어떤지를 점검하는 효소(이것이 A. 콘버그가 발견한 것)가 있어서 잘못된 부분을 잘라내고 정확한 DNA 단편을 만든다. 그리고 이들이 연결되어서 수복(修復)되는 것이다.

정상적인 DNA도 자외선, X선, 화학약품 등의 작용에 의해서 염기쌍에 이상이 일어나는 경우도 있다. 이것도 이상 부분이 잘리고 정상인 DNA 부분이 새로이 만들어져서 수복된다.

그렇다면 이중나선 2개가 모두 이상이 생기면 어떻게 될까? 염색체 2세트를 가진 세포에서는 상동염색체(相同染色體)의 상당 부분이 결손된 곳에서라도 다시 편성(編成)되고 이후 각각 상보적으로 합성된다. 이처럼 DNA의 염기 배열을 일정하게 보전하는 데 교묘한 기구가 작용하고 있는 것이다.

DNA의 합성

DNA의 유전 정보가 발현되려면 먼저 그 정보—염기 배열이 전령(메신저) RNA에 전사(轉寫)되어야만 한다. 이것은 어떻게 이루어지는 것일까?

RNA 합성 효소는, 대장균에서는 4종류의 서브 유니트 5개로 이루어진 것으로, 끊임없이 DNA 위를 이동하고 있으며, 그 속도는 1초에 1000뉴클레오티드쌍에 이른다고 한다. 효소는 DNA 위의 전사 시작점의 상류에서 2군데의 개시 신호(각 6뉴클레오티드쌍)를 인식하여 작용을 시작한다. 그 첫째는 DNA 이중나선의 극히 일부분(10뉴클레오티드쌍)을 풀어 헤치는 일이다. 그리고 그 한쪽 염기와 상보적인 염기를 가진 뉴클레오티드를 결합시켜 5′에서부터 3′의 방향으로 RNA를 만들기 시작한다. 효소가 움직이는 데 따라서 DNA의 염기 배열이 RNA에 전사되어 종점에 이른다.

만들어진 RNA는 단백합성을 위한 전령 RNA가 되기 전에 갖가지 조작을 받는다. 대장균에서는 유전자가 연속되어 있기 때문에, 그대로의 상태에서 합성이 시작되는 끄트머리에 특별한 뉴클레오티드가 캡(cap)으로서 첨가되고, 반대의 끄트머리에도 몇 개의 아데닌이 부가된다. 방향을 표지하는 동시에 RNA를 안정하게 하기 위해서인 것 같다.

진핵세포(眞核細胞)에서는 정보 부분인 엑손(exon)과 아무 뜻이 없는 인트론(intron: 비정보 부분)이 연결된 RNA가 만들어진다. 거기서 인트론과 엑손이 떼내어지고 엑손 부분만이 연결된다. 이 과정은 스플라이싱(splicing)이라고 불린다. 여기서 한 군데만 틀려도 정보 전달은 아무 쓸모가 없게 된다. 그러나 이런 사정에 대한 점검기구는 아직도 잘 알지 못하

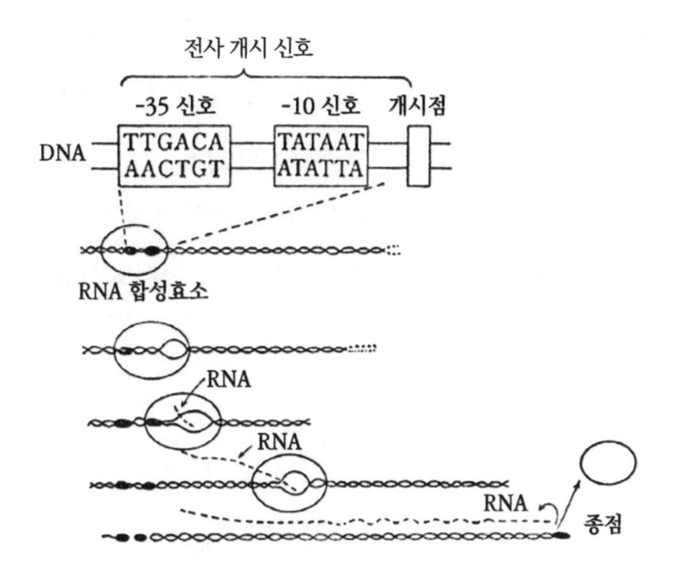

5-5 | RNA 합성효소는 DNA 위의 개시 신호를 인식하여 먼저 DNA의 이중나선 일부를 분해한다. 그리고 5′-3′ 방향으로 RNA를 만들기 시작한다

고 있다.

문제는 DNA 정보의 전사조절기구이다. 갈락토시다아제(galactosidase)의 생산에 관여하는 유전자처럼 리프레서(repressor: 억제인자)가 RNA 합성 개시 신호의 바로 뒷부분에 결합하여 RNA 합성효소의 기능을 저지하는 기구는 알려져 있다(제8장 참조).

그런데 대장균에서는 3,000개에 이르는 유전자 중에서 세포막의 단백질 유전자와 같이 하나의 균체(菌體)에서 100만 분자나 만들고 있는 것이 있는가 하면, 고작 10분자밖에 안 되는 것도 있다. 이와 같은 정보 발현의 차이는 그 이유가 아직도 잘 이해되지 않고 있는데, 어떤 기구에 의해 전사의 빈도에 차가 생기고 있기 때문이라 보고 있다. 한 번 만들어진 전령 RNA는 10회쯤 사용되고는 분해되어 버린다.

고등생물에서는 발생 중의 분화 때 유전자 정보의 발현에 순서를 좇는 제어기구가 작용하고 있는 것이 틀림없다. 유감스럽게도 그것이 어떤 기구인지는 아직 모르고 있다.

6장

유전자 암호

유전자의 암호 해독이 어째서 그와 같은 큰 의미를 가졌는가 하고 의아하게 생각하는 사람도 있을 것이다.

이 유전 현상의 근저에는 양친으로부터 자손으로의 정보 전달이 있어야 한다. 그 정보는 세포핵 안에 있는 염색체 위의 유전자가 걸머지고 있다는 것은 이미 알고 있다. 유전자는 DNA로 구성되어 있다. 그렇다면 그 정보란 무엇인가?

가모프의 예언

생물을 실제로 특징짓고 있는 것은 단백질이다. 단백질은 구성 아미노산의 배열 순서에 따라서 그 성질이 결정된다. 그렇다면 DNA의 유전 정보란 단백질 분자의 아미노산 배열 순서를 결정하는 것이 아닌가. 통찰력이 뛰어난 물리학자이자 저술가인 가모프(G. Gamow)는 아미노산 1개에 DNA 속의 염기 배열이 대응하고 있는 것이 아닌가 하고 생각했다.

DNA에는 4종류의 염기, 아데닌, 구아닌, 티민, 시토신이 있다. 한편 단백질을 구성하고 있는 아미노산에는 20종류를 볼 수 있다. 한 개의 염기가 한 종류의 아미노산에 대응한다면 4종류밖에는 결정하지 못한다. 2개의 염기라면 16종류의 아미노산으로 불충분하다. 그러므로 3종류의 염기가 아미노산 한 종류를 결정하는 것이 틀림없다. 하기야 64가지의 결정 방법이 있어서 20종류를 훨씬 웃돌기는 하지만 말이다.

가모프는 DNA의 이중나선설이 발표된 얼마 후인 1955년에 이 아이디어를 발표했다. 가모프는 우주가 대폭발을 한 결과로 생겼다고 하는 빅뱅(Big Bang)설(1946년)로 명성을 떨쳤지만 유전자 암호에 대해서도 올바른 예언자가 되었다.

유전자 암호 사전

	U	C	A	G
U	UUU 페닐알라닌	UCU 세린	UAU 티로신	UGU 시스테인
	UUC 페닐알라닌	UCC 세린	UAC 티로신	UGC 시스테인
	UUA 로이신	UCA 세린	UAA 종지점	UGA 종지점
	UUG 로이신	UCG 세린	UAG 종지점	UGG 트립토판
C	CUU 로이신	CCU 플로린	CAU 히스티딘	CGU 아르기닌
	CUC 로이신	CCC 풀로린	CAC 히스티딘	CGC 아르기닌
	CUA 로이신	CCA 플로린	CAA 글루타민	CGA 아르기닌
	CUG 로이신	CCG 플로린	CAG 글루타민	CGG 아르기닌
A	AUU 이소로이신	ACU 트레오닌	AAU 아스파라긴	AGU 세린
	AUC 이소로이신	ACC 트레오닌	AAC 아스파라긴	AGC 세린
	AUA 이소로이신	ACA 트레오닌	AAA 리진	AGA 아르기닌
	AUG 메티오닌	ACG 트레오닌	AAG 리진	AGG 아르기닌
G	GUU 발린	GCU 알라닌	GAU 아스파라긴산	GGU 글리신
	GUC 발린	GCC 알라닌	GAC 아스파라긴산	GGC 글리신
	GUA 발린	GCA 알라닌	GAA 글루탐산	GGA 글리신
	GUG 발린	GCG 알라닌	GAG 글루탐산	GGG 글리신

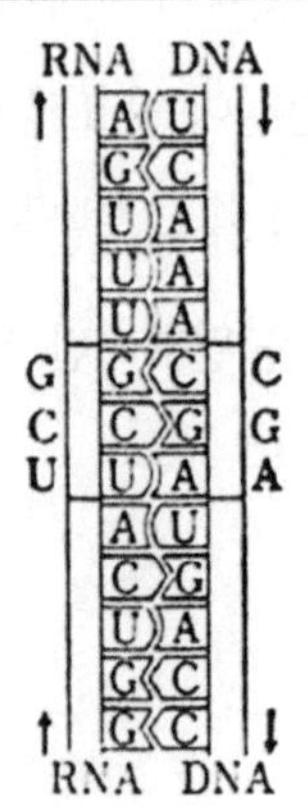

6-1 | 유전자의 암호 사전은 DNA를 전사한 전령 RNA의 배열방법에 대한 것이다. 이를테면 세린(UCG)은 DNA로 번역하면 CGA가 된다

현존 생물은 모두 공통의 조상에서 생겼다

여기서 프랑스의 천재적인 분자생물학자 모노(J. L. Monod) 의 탁월한 아이디어가 등장한다. 그는 전령 RNA라는 교량 역할을 예언했다. 즉 세포핵 안의 유전자 정보를 고스란히 전사하여 세포질 안의 단백질 제조소로 가져가는 메신저 역할을 전령 RNA가 하고 있다고 주장했다.

전령 RNA는 모노의 예언 후 얼마 안 가서 실제로 발견되었다(1960년). RNA는 DNA와 마찬가지로 4종류의 염기로 이루어졌는데, DNA의 티민은 우라실(uracil)로 바뀌어 있다. 따라서 아데닌(A), 시토신(C), 구아닌(G), 우라실(U)로서 구성되어 있다.

1961년 8월, 모스크바에서 제5회 국제 생화학회의가 열렸을 때, 「유전자 암호의 해독에 성공!」이라는 충격적인 뉴스가 전 세계로 전해졌다.

미국 국립 위생연구소의 한 연구원인 니렌버그(M. W. Nirenberg)가 우라실(U)만으로 된 인공 RNA를 대장균의 단백질 합성계에 첨가했더니 페닐알라닌(phenylalaning)의 한 종류로서 구성되는 단백질이 만들어졌다는 것을 보고한 것이다. 여러 가지 합성 RNA를 가지고 있던 뉴욕의 오초아(S. Ochoa)는 곧 다른 조합의 RNA로 시험하여 유전자 암호와 대응하는 아미노산을 결정하여 이듬해 2월 〈뉴욕 타임스〉의 일요판으로 발표했다.

많은 연구자가 다투어 연구하여 3련자(三連子) 암호 64가지는 수년 사이에 모조리 해독되었다.

유전자 정보의 운반자—전령 RNA

우선 알게 된 것은 한 종류의 아미노산에 대하여 몇 가지의 유전자 암호가 있다는 것이다. 이를테면 로이신(leucine)에는 CUU, CUC, CUA, CUG의 4가지가 있다. 글루타민산(glutamic acid)과 같이 GAA, GAG의 2가지밖에 없는 것도 있다. 어느 아미노산에도 대응하지 않고 무의미한 기호라고 생각되었던 UGA, UAG, UAA는 사실은 이것으로 끝이다 라고 하는 종지부에 해당하는 정지 신호라는 것을 알았다. 끝이 있으면 시작의 기호도 있기 마련이다. 메티오닌(methionine)에 해당하는 AUG가 개시 신호이다. 이 메티오닌은 단백질이 완성된 뒤에 절단되어 버린다.

이렇게 유전자 암호는 DNA의 염기 배열이 마치 문자처럼 배열되어 있고, 문자 3개의 순서가 의미를 지니고 있다는 것이 판명되었다. 고대 문자의 해독과도 같은 노력의 결과이다.

더구나 이 암호는 세균에서부터 인간에 이르기까지 모든 생물에 공통으로 해당된다. 이것은 거꾸로 말하면 현존하는 생물은 모두 공통의 선조에서 생겼다는 것을 가리키고 있다. 생물이 이와 같은 공통 정보를 가지고 자손에게로 전달해 가는 것의 발견은 생물의 원리라고 할 만한 것을 밝혀낸 셈이다.

그런데 세포 안에서 발전소의 구실을 하는 미토콘드리아(mitochondria)의 DNA의 유전자 정보에는 4가지쯤 되는 공통원리와는 다른 것이 있다. 이것은 태고 시대의 세균이 세포 내로 들어와서 공생(共生)을 계속해 왔기 때문에 옛날 정보계를 유지하고 있는 것이라 생각하고 있다.

전이 RNA는 아미노산을 운반하는 트럭이다

염색체 위의 DNA에는 유전자 정보가 한 줄로 배열되어 있다. 바이러스나 대장균에서는 한 개의 단백질에 해당하는 정보—아미노산 수가 300개라면 900개의 염기가 연결되어 있는데, 동·식물의 세포에서는 중간에 의미가 없는 부분(인트론)이 정보 부분(엑손) 사이에 개재해 있는 일이 많다.

DNA의 염기 배열이 고스란히 전사되어 RNA가 만들어진 뒤 인트론 부분은 절단되고 엑손 부분만이 연결되어서 전령 RNA로 만들어진다. 그리고 세포질 속으로 나가게 된다.

세포질 속에는 염기 70개쯤으로 이뤄진 작은 RNA가 존재한다. 이 작은 RNA는 전이 RNA라 불리며, 단백질의 소재인 아미노산을 운반하는 트럭 역할을 하고 있다. 전령 RNA는 유전자 정보를 걸머지고는 있지만, 직접적으로 아미노산과 결합하는 것은 아니다. 그 중개를 하는 것이 전이(轉移) RNA이다.

1956년에 DNA의 이중나선 모델을 착상한 크릭이 어댑터(adapter) 분자설을 제출했다. 어댑터라는 것은 아미노산에 결합하는 동시에 전령 RNA의 염기 3개에 결합하는 것이다. 즉 이 어댑터에는 유전자 정보의 염기 3개 묶(codon)에 결합하는 염기 3개가 있다.

DNA의 2개의 사슬이 각각 아데닌(A)과 티민(T), 구아닌(G)과 시토신(C)의 조합으로 대응하여 결합하고 있듯이, 어댑터의 3염기는 코돈과 대응한다. 그 대응을 상보적(相補的)이라 일컫는다. 코돈에 상보적인 3염기 배열이 안티코돈이다. 크릭이 예언한 이듬해인 1956년에 전이 RNA가

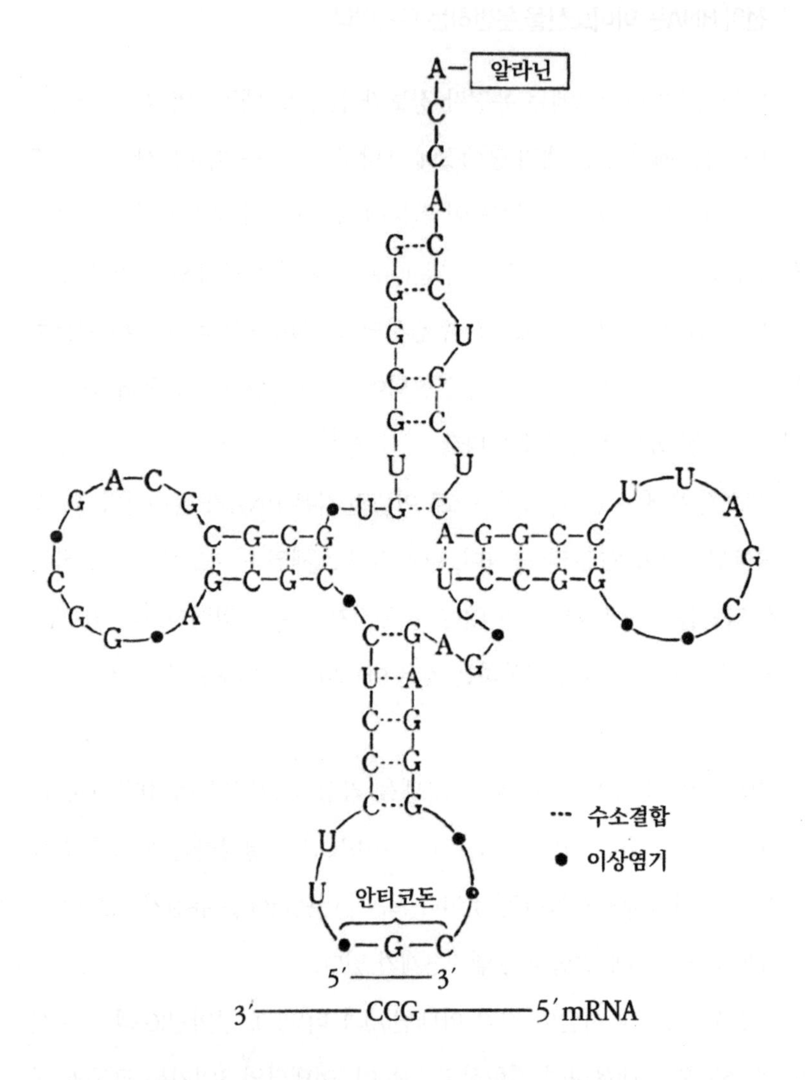

6-2 | 알라닌의 전이 RNA 뉴클레오티드 배열. 전이 RNA는 몇 개의 염기가 수소결합으로 쌍을 만들고, 그 끝이 고리를 이루고 있다. 아미노산은 3′ 방향 말단의 아데닐산에 결합해 있다. 그림에서 안티코돈이라고 쓰여진 한 고리의 3개의 염기 배열 방법이 각 아미노산마다 다르며, 전령 RNA의 3개의 염기와 상보성을 가지고 있어서 염기쌍을 만들게 되어 있다

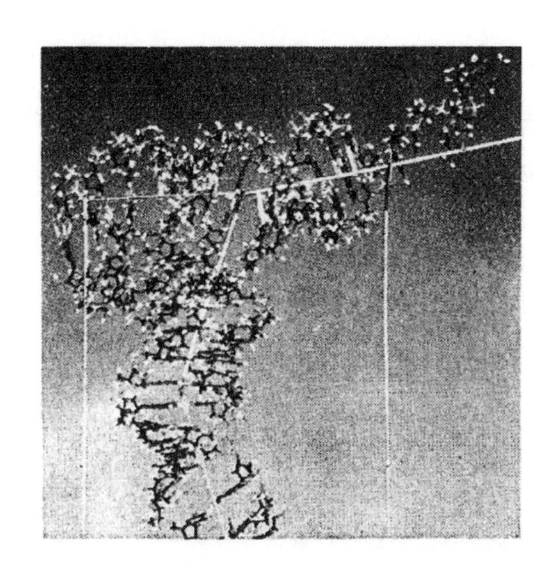

6-3 | 전이 RNA의 분자 구조 모형. 세포질 속에는 염기 70개 정도로 구성되는 작은 RNA가 있다. 이 작은 RNA는 전이 RNA(트랜스퍼 RNA)라 불리고, 단백질의 소재인 아미노산을 운반하는 트럭의 역할을 하고 있다

발견되고, 1965년에 염기 배열이 결정되었다.

페닐알라닌의 전이 RNA는 76개의 염기로 이루어지고 클로버의 잎과 같은 형상을 하고 있다. 잎의 하나에 해당하는 부분에 AAG의 안티코돈이 있다. 이것은 페닐알라닌 코돈의 하나인 UUC에 대응하고 있다.

원래 코돈은 64가지가 있는데, 전이 RNA도 각각에 대응하는 것이 발견되었다. 물론 정지 기호에 해당하는 것은 없다. 전이 RNA는 인공적으로 합성되고 있고 그것에 대응하는 유전자(DNA)도 합성되고 있다. 인공유전자로서는 최초의 것이다.

유전자 정보의 단위인 3염기 배열의 코돈이 어떻게 하여 아미노산에 대응하게끔 되었는지에 관해서는 모르고 있다. 모노는 우연이 필연(必然)으로 되었다고밖에는 생각할 수 없다고 말하고 있다.

7장

단백질을 만들다

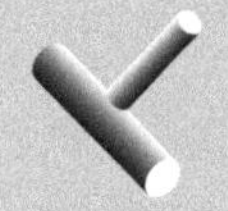

단백질의 성질은 20종류의 아미노산이 어떻게 배열되어 연결되는가로서 결정된다. 그 아미노산의 배열 계획서가 유전자 정보이다. 이것은 세포핵 안에 있는 유전자 DNA의 염기 배열에 따라 나타나게 된다. 이 시방서를 좇아 단백질을 만드는 기구는 매우 복잡하지만, 틀리지도 않고 잘 이루어져 놀라지 않을 수 없다.

그 경로는 1950년대 초부터 무려 20년 가까이 걸려서 많은 과학자의 노력에 의해 밝혀졌다.

꼬리표의 전이 RNA

단백질을 형성하는 아미노산과 유전자 정보를 전달하는 염기 사이에는 서로를 결합하는 관계는 없고, 거기엔 양자를 중개하는 것이 존재한다. 그것이 아미노산에 꼬리표를 달아주는 구실을 하는 작은 RNA, 즉 전이 RNA로서 t(transfer)RNA라 불린다. 이것은 유전자 암호의 3염기 배열과 그것에 대응하는 아미노산의 교량 역할을 하는 중요한 물질이다.

제6장 끝에서 언급했듯이 전이 RNA는 70개쯤의 염기로 구성된 것으로 클로버잎과 같은 구조를 가졌다(〈그림 7-1〉 참조). 이 클로버의 축 끝 일단에 아미노산이 결합하고, 잎끝의 머리 부분에 그 아미노산에 대응하는 유전자 암호 3개 조가 있다. 그런데 이 3개 조는 유전자 암호 자체가 아니고 상보적인 관계에 있다. 상보적이라고 말하는 것은 DNA의 이중나선이 상대하는 사슬의 염기쌍과 같이, 아데닌이라면 티민(RNA에서는 우라실), 구아닌이라면 시토신이라는 조합이다. 이를테면 글루타민산에 대응하는 암호(코돈)는 GAA이지만 그 전이 RNA의 상보 암호(anticodon: 相補暗號)는 CUU이다.

전이 RNA의 안티코돈과 그것에 대응하는 아미노산의 특이한 결합방법은 수수께끼에 싸여 있었다. 1982년 12월, 일본의 국립 우주과학연구소의 시미즈 미키오 교수는 새로운 설을 제출하여 국제적인 주목을 받고 있다. 전이 RNA 머리의 안티코돈 부분과 아미노산이 붙어야 할 꼬리 끝이 결합하여 구멍을 만들고, 거기에 안티코돈에 대응하는 아미노산만 쏙 들어가서 결합한다는 기구이다. 이것으로써 20종류의 아미노산에 대응하는 전이 RNA가 각각 존재하는 이유를 이해할 수 있다. 또 전이 RNA에 아미노산이 결합하는 데는 에너지원인 ATP(아데노신3인산)가 필요하며, 아미노산 활성화 효소라고 불리는 효소가 관여한다.

단백질 합성공장

꼬리표가 달린 아미노산은 세포 속에 많이 있는 리보솜이라는 작은 알갱이에 의해 단백질로 만들어진다. 리보솜은 지름 20나노미터 정도의 입자로서, 많은 종류의 단백질과 3종류의 RNA(리보솜 RNA)로 구성된다. 대장균 1개에는 15,000개의 리보솜이 있다. 리보솜은 세포 안의 단백질 합성공장에 해당하는데, 그 자세한 구조와 기능은 아직 모르는 것이 많다.

유전자 정보를 전사한 전령 RNA는 세포핵에서 나와 리보솜에 부착한다. 거기에 전령 RNA의 첫 번째 3련자 암호에 대한 안티코돈을 가진 전이 RNA가 아미노산을 부착한 채로 결합한다. 여기에는 수 종류의 단백질합성 개시 인자와 ATP와 흡사한 에너지물질 GTP(구아노신3인산)가 필요하다.

다음에는 전령 RNA의 두 번째 삼련자 암호에 해당하는 전이 RNA가 아미노산을 운반해 와서 리보솜 위에 결합한다. 단백질합성 신장인자(伸張因子)가 GTP를 분해하면서 첫 번째 전이 RNA의 아미노산에 결합시켜 아미노산 2개의 작은 단백질편(펩티드)을 만든다. 그리고 리보솜 전체는 전령 RNA 위를 삼련자만큼 이동하고 첫 번째 전이 RNA를 분리시킨다.

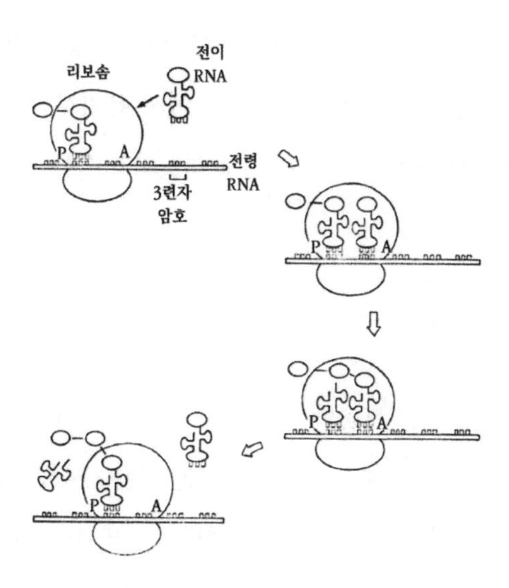

7-1 | 단백질합성의 기구·리보솜에는 2군데에 전이 RNA가 결합하는 부분이 있다(P 및 A). 비어 있는 A 부위에 전령 RNA 위의 코돈과 상보적인 안티코돈을 가진 전이 RNA가 착지한다. 다음에 P 부위의 아미노산과 A 부위의 아미노산이 결합해서 A 부위로 옮겨 간다. 그러면 A 부위의 전이 RNA는 P 부위의 전이 RNA를 밀쳐내고 이동한다. 이리하여 비어 있는 A 부위에 이번에는 다른 아미노산을 실은 전이 RNA가 착지한다. 이 반응은 정지신호가 나올 때까지 반복하여 단백질이 합성되어 간다

이렇게 차례차례로 전이 RNA의 아미노산이 리보솜 위에서 전령 RNA의 정보대로 결합되어 단백질이 만들어진다. 1개의 전령 RNA 위에서 여러 개의 리보솜이 부착하여 동시에 단백질이 차례로 만들어진다. 이와 같이 단백질 합성을 해 나가고 있는 리보솜의 집합을 폴리솜(polysome)이라 부르고 있다.

전령 RNA의 종단 정지 기호(UAA, UGA, UAG)에 대응하는 전이 RNA

는 존재하지 않는다. 거기에는 종결인자(終結因子)가 결합하여 단백질합성을 종료시키고, 만들어진 단백질을 리보솜에서 유리시킨다. 동시에 리보솜도 전령 RNA에서 떨어져 나가 다른 단백질의 합성을 시작하게 된다.

합성된 단백질의 처리

대부분의 단백질은 리보솜에서 떨어져 나가면 즉시 각각 고유의 입체구조를 조립한다. 그리고 헤모글로빈과 같은 것은 α사슬과 β사슬이 따로따로 만들어지고 나서 서로 2개씩이 결합된다. 세포막 대부분의 단백질은 당이 나중에 결합해서 기능을 갖추게 된다. 단백질로서 불필요한 아미노산 부분이 절단되는 경우도 있다. 또 췌장의 소화효소처럼 소포체(小胞體)라고 하는 주머니에 달린 리보솜 위에서 만들어져서 주머니 속으로 끌려들어 갔다가 세포 밖으로 내보내지는 것도 있다. 이러한 소화효소는 세포 밖으로 보내진 뒤 아미노산 결합의 일부가 절단되어 비로소 효소로서의 작용을 나타내게 된다.

단백질합성에는 이처럼 리보솜, 전령 RNA, 아미노산을 결합한 전이 RNA, 3종류씩의 개시·신장인자, 또 종결인자, GTP 등의 여러 활동을 필요로 한다. 146개의 아미노산으로서 구성되는 토끼의 적혈구 단백질 헤모글로빈·α사슬은 3분 만에 합성한다고 알려져 있다. 분열하는 대장균에서는 300개의 아미노산으로 되어 있는 단백질이 불과 10초 이내에 만들어진다고 한다.

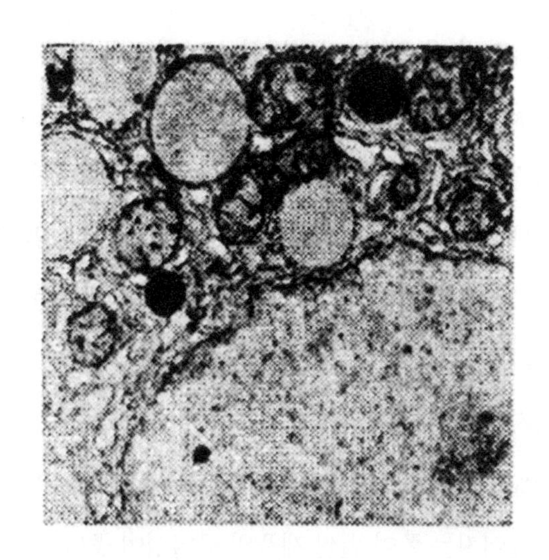

7-2 | 췌장의 소화효소는 소포체라고 하는 주머니에 붙은 리보솜 위에서 만들어진다. 사진의 오른쪽 아랫부분은 핵이다. 상부에 효소원과립(酵素原顆粒)이 검게 보인다

인공단백질

단백질은 시험관 안에서 순수한 화학반응에 의해서도 만들 수가 있다. 세계에서 최초로 인공단백질—18개의 아미노산으로 구성되는—을 만든 독일의 피셔(E. Fischer)는 실제로 5년 이상의 세월을 소비했다. 왜 이렇게 오래 걸렸냐고 하면, 아미노산에는 아미노기와 카르복실기라고 하는 반응 부분이 있어, 반응해서는 안 되는 기를 마스크하여 반응을 시킨 뒤 마스크를 떼내는 복잡한 절차를 거쳐야 했기 때문이다.

1960년대에 들어와서는 우수한 아미노산 결합법이 개발되어 현재는 자동 단백질 합성기가 만들어져 있다. 이것에 의하면 하루에 몇 개씩 아

미노산을 결합할 수가 있다. 아미노산 124개로 구성되는 리보뉴클레아제(ribonuclease: 핵산분해효소)와 같은 효소는 인공적으로 합성되어, 세포의 리보솜 공장에서 만들어진 것과 똑같은 성질을 나타낸다. 이 인공합성법을 개발한 메리필드(R. B. Merrifield)는 1984년도에 노벨 화학상을 수상했다. 그러나 단백질을 인공적으로 합성하는 방법은 최종 제품 속에 틀린 것이 많이 섞여 있기 때문에 실용으로는 제공되지 않고 있다. 아미노산 한 개를 결합시키는 효율이 99.9%의 고율이라도 100회를 반복하면 10개에 1개꼴로 에러가 나오기 때문이다. 역시 유전자 정보라고 하는 설계서를 좇아서 만들어지는 쪽이 훨씬 제품의 균일성이 좋다.

8장

오페론의 기구

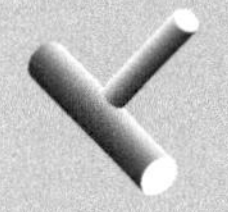

프랑스인은 재기(才氣) 넘치는 멋진 아이디어를 짜내는 능력을 가졌다. 분자생물학에서 가장 두드러진 사고방식을 보여준 사람은 모노이다. 메신저 RNA(전령 RNA)의 존재를 예언한 것도 그였다.

모노는 솔본느 대학을 졸업하고 파리의 파스퇴르연구소에서 세균학의 연구에 종사하고 있었다.

한천을 굳힌 배지에 대장균을 뿌려두면 증식하여 콜로니(colony: 群體)를 형성한다. 세균은 증식의 에너지원으로 포도당을 필요로 한다. 포도당과 갈락토스라는 당이 결합한 유당(乳糖: 모유나 우유 속에 함유되어 있다)은 보통 때는 대장균의 에너지원이 되지 않는다. 그러나 약간 기아 상태에 있는 세균에 유당을 가하면 얼마 후 세균은 점점 증식하게 된다.

모노는 유당을 분해하여 포도당으로 만드는 효소가 세균 안에서 만들어지기 때문이라고 생각했다. 바로 그대로였다. 정상 때는 없던 유당분해효소가 합성되는 것이다. 모노는 기질(基質)에 의해서 효소가 유도되는 것이라고 했다. 모노는 유당분해효소를 추출하여 갈락토시다아제라고 명명했다(1949년).

억제인자는 단백질

대장균은 갈락토시다아제를 합성하는 능력을 가졌음에도 평소에는 발휘하지 않는다. 어째서일까? 기질에 유당이 존재하고서야 비로소 효소를 만들게 된다는 데서 모노는 교묘한 설명을 착상했다.

효소의 합성을 저지하고 있는 물질, 즉 리프레서(repressor: 억제인자)의 존재를 가정했다. 기질이 세균 안으로 들어가면 억제인자와 결합하기 때문에 그 합성 저지작용이 없어져서 효소의 합성이 시작된다는 것이다. 평소에는 기질이 세포 안에 없기 때문에 리프레서가 효소의 합성을 저지한 상태에 있다.

리프레서는 아주 조금밖에 존재하지 않기 때문에 좀처럼 실증되지 못했다. 그 때문에 방사성 유당을 가하여 그것과 결합하는 물질을 찾았다. 보통의 대장균 한 개에 불과 10~20분자밖에 존재하지 않지만, 돌연변이주(突然變異株) 속에서 100배나 리프레서를 만드는 것이 발견되어 순수물질로서 추출되었다. 리프레서는 347개의 아미노산으로 구성되는 분자량 37,000의 단백질이라는 사실이 확인되었다(1973년). 이 단백질 4개가 집합하여 리프레서로 작용한다.

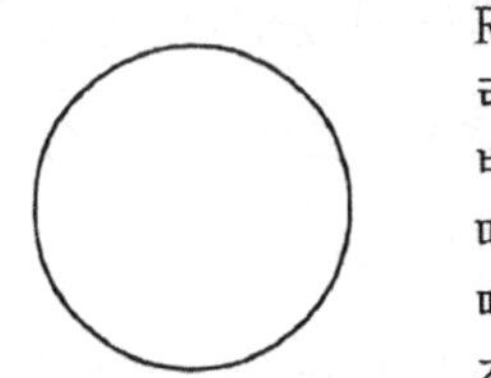

RNA 폴리메라제(메신저 RNA를 합성한다)는 리프레서(메신저 RNA의 합성을 억제한다)에 비교하면 극히 큰 단백질이다.
따라서 리프레서가 오퍼레이터 부위에 있을 때는 RNA 폴리메라제가 프로모터 부위에 착지하는 것을 방해하고 있다.

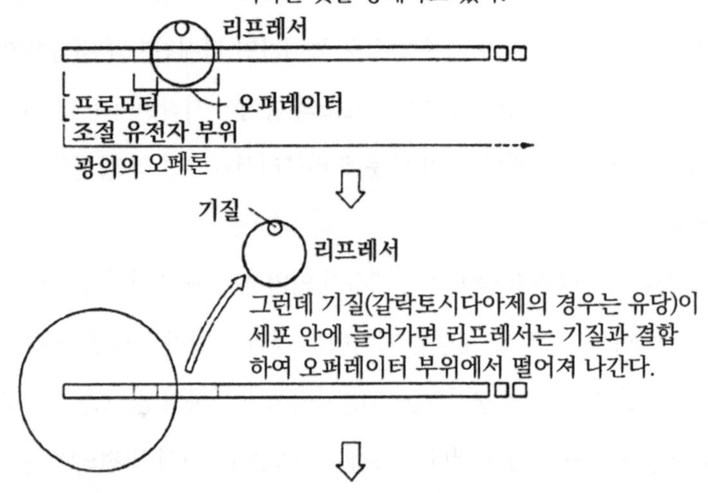

리프레서가 분리되면 RNA 폴리메라제는 메신저 RNA를 합성하기 시작한다. 단 개시코돈 이전에 오퍼레이터의 염기 배열이 얼마쯤 전사하는 일도
있을 수 있다.

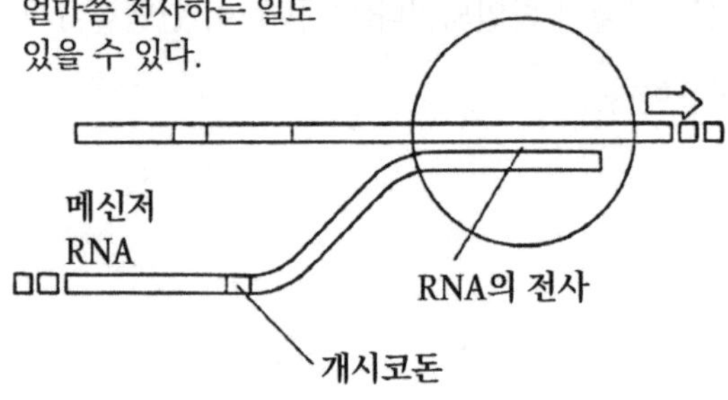

8-1 | 기질에 따라서 효소합성이 유도된다

오페론설이란?

모노는 리프레서의 작용기구에 대해 동료인 자콥(F. Jacob)과 함께 연구를 진행해 갔다. 그들은 대장균에 유당을 가한 뒤 3분이 지나자 갈락토시다아제가 합성되기 시작하는 것을 알았다.

갈락토시다아제는 분자량 135,000이라는 거대한 단백질 4개가 모인 것이다. 세포 한 개당 3,000개의 갈락토시다아제가 합성된다.—이것은 세균의 전체 단백질의 3%에 해당한다.

유당을 가함으로써 갈락토시다아제만 유도되는 것이 아니라 다른 2종류의 효소도 동시에 합성된다는 것을 알았다. 그 하나는 유당을 세균 안

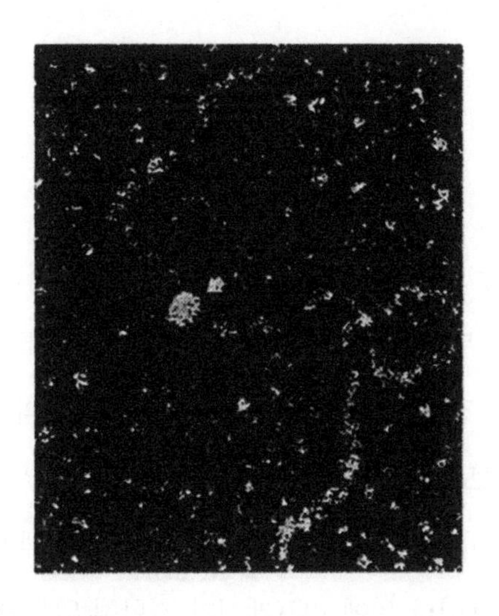

8-2 | 오페론의 오퍼레이터 부위에 착지한 리프레서. 리프레서는 중앙부에 흰점 모양(화살표)으로 보인다

으로 끌어들이는 데 관여하는 효소이다. 모노와 자콥은 이 3개의 효소가 하나로 연속된 유전자의 지배 아래 있는 것이라고 생각하고, 리프레서는 이들 정보의 해독을 저지하는 것이라고 했다. 여기서 오페론(operon)이라는 개념이 탄생했다.

효소의 유전자 선두에 오퍼레이터(operator)라는 조절유전자 부위를 가정하자. 오퍼레이터는 리프레서와 결합한다. 그러면 이하의 유전자 정보는 해독할 수가 없다. 유당이 리프레서와 결합하여 오퍼레이터에서 떨어져 나간 뒤에야 비로소 정보를 해독할 수 있게 된다. 이 정보 부분을 구조유전자(構造遺傳子)라고 부르자. 모노와 자콥은 조절유전자 부위와 구조유전자의 세트를 오페론이라고 불렀다(1960년). 그들의 오페론설은 곧 인정되었다.

오페론의 구조

대장균의 유당 오페론은 오퍼레이터와 구조유전자의 선단에 프로모터(promoter)라는 부위를 포함하고 있다. 프로모터란 DNA의 염기 배열을 그대로 읽어내 전령 RNA를 합성하는 효소(RNA 폴리메라제)의 결합 부위를 말한다. 프로모터는 약 80개의 염기로 구성되어 있고, 약 20개의 염기로 구성되는 오퍼레이터와 이어져 있다. RNA 폴리메라제는 거대한 단백질이므로 오퍼레이터 위에 리프레서가 결합해 있으면 프로모터에 결합을 할 수가 없게 된다. 이것이 리프레서의 작용기구이다. 오퍼레이터가 비어 있으면 프로모터에 결합한 폴리메라제는 DNA 위를 이동해서 전령 RNA를 합성해 나간다.

흥미로운 일은 오페론에 접해서 프로모터 앞에 리프레서의 유전자가 잇달아 존재하고 있다는 것이다. 즉 효소의 합성과 조절에 관여하는 유전자가 한 줄을 이루고 있는 것이다.

고등생물의 유전자 발현 억제

자콥과 모노의 오페론설이 실증되자 같은 제어(制御)가 고등생물의 세포에서도 작용하고 있는 것으로 생각되었다. 그러나 사실은 그렇지 않았다.

세포의 유전자는, 세균에서는 벌거숭이인 채로 존재하고 있어서 원핵세포(原核細胞)라고 불리지만, 원생동물(原生動物) 이상에서는 세포핵 속에 단백질과 결합해 있다(진핵세포: 眞核細胞). 원핵생물의 유전 정보 발현 억제를 진핵생물에서는 전혀 볼 수가 없다. 진화과정에서 큰 변화가 일어나 그 결과로 기구가 달라졌다고밖에는 생각할 수가 없다.

8-3 | 자크 모노(1910~1976년)

세균에서는 프로모터에 계속되는 구조유전자가 하나로

연속되어 있다. 그런데 진핵세포의 유전자에서는 정보 부분(엑손)에 비정보 부분(인트론)이 군데군데 개재해 있다. 따라서 만들어진 마지막 메신저 RNA에는 인트론에 대응하는 무의미한 부분이 있다. 이들은 절단된 뒤, 엑손 부분이 재결합하고 나서 리보솜으로 운반되어 간다.

고등생물의 세포핵 속 유전자는 그 생물이 지니는 모든 유전 정보를 갖추고 있다. 그러나 실제로 이용되는 정보는 그중의 극히 일부에 지나지 않는다. 사람의 각 조직의 차이, 이를테면 눈과 근육의 세포는 마치 다른 생물처럼 보인다. 이 차이는 발생 중의 분화 때 제한된 유전자 정보의 발현에 의하여 초래된다. 그 제어기구는 오늘날 분자생물학의 최대 과제라고 말해도 될 만한 것으로, 아직 해결되지 않고 있다.

다만 분명히 알고 있는 것은 성호르몬에 의한 제어이다. 이를테면 여성호르몬은 닭의 수란관(輸卵管)의 세포에 난백(卵白)단백질(오보알부민: ovoalbumin)의 합성을 일으킨다. 호르몬은 세포 안의 리셉터와 결합하고 핵 속으로 들어가서 오보알부민 유전자의 해독을 촉진시킨다. 그러나 이 경우에도 오퍼레이터는 인정되지 않는다.

고등생물의 유전자 발현기구가 만약 해명된다고 한다면 그 연구자는 틀림없이 노벨상을 수상할 것이다.

9장

바이러스의 분자생물학

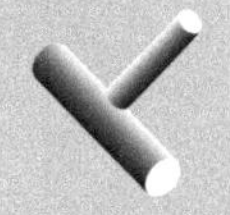

바이러스는 생명의 원시적인 것이 아니라 세균이 가장 퇴화해서 기생생활에 적응한 특수한 것으로 간주되고 있다. 세균 이상의 세포는 세포막을 비롯하여 여러 가지 소기관을 갖추고 있어서 그 하나하나를 인공으로 만들어서 세포를 재구축한다는 것은 현재로서 도저히 불가능한 일이다.

담배모자이크 바이러스

바이러스가 생물과 무생물의 경계에 있는 존재로 주목을 받게 된 것은 1935년 미국의 스탠리(W. M. Stanley)가 담배모자이크 바이러스(Tobacco mosaic virus=TMV)를 결정화(結晶化)했던 때였다. 담뱃잎의 세포 속에서 증식하는 이 바이러스는 마치 보통 물질처럼 결정으로 병 속에 수용해 둘 수가 있다. 몇 해가 지난 뒤 결정을 담뱃잎에 붙여주면 증식하기 시작한다.

전자현미경을 발명한 독일의 루스카(E. Ruska)는 지멘스 회사의 제품이 완성되자 담배모자이크 바이러스를 조사해 보았다. 그것은 길쭉한 막대 모양을 하고 있으며 길이 0.3마이크로미터(1μm는 1㎜의 1000분의 1), 나비 0.02μm 정도였다. 1938년의 일이었다.

담배모자이크 바이러스는 거의 단백질로서 이루어져 있고 1할 이하의 RNA가 함유되어 있다. 양자를 나누었다가 혼합하면 증식 가능한 바이러스가 재생된다. 실제로 증식에 필요한 것은 RNA 쪽이고, 단백질은 RNA를 감싸서 보호하는 구실을 하고 있다. 그래서 코트(coat)단백질이라고 부른다.

흥미롭게도 이 단백질은 한 종류이며, 158개의 아미노산으로 구성되는 분자량 17,000쯤의 것이다. RNA는 6,390개의 뉴클레오티드(제5장 참조)로 구성되고 분자량은 200만이다. 결국 담배모자이크 바이러스는 한 개의 RNA 분자를 2,130개의 코트단백질이 둘러싼 것이다.

코트단백질은 타원형을 하고 있으며 17개가 모여서 고리(環)를 형성한다. 거기에 RNA 사슬이 감겨 붙어 나선 모양으로 코트단백질의 고리를

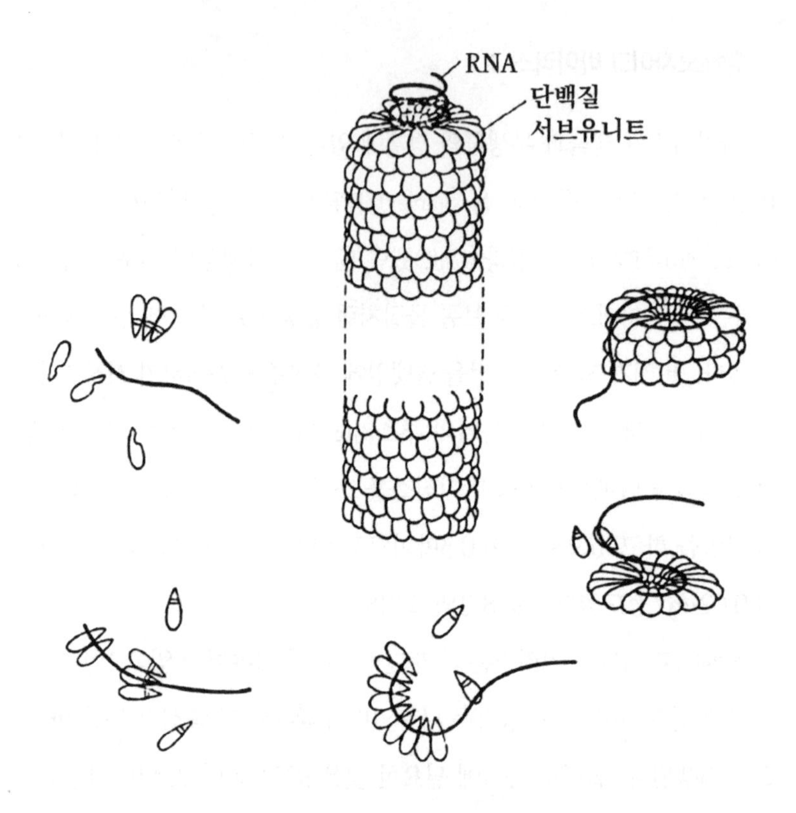

9-1 | 담배모자이크 바이러스는 개개 단백질 서브유닛이 RNA의 주위에 환상으로 포개어져서 만들어진다. 130번을 돌면 끝이 되는데 이것은 RNA의 길이에 규정되어 있다

쌓아 올린다. 130회를 돌면 끝나고 속이 빈 원통 모양의 바이러스가 완성된다. RNA의 길이가 바이러스의 길이를 결정한다.

담배 모자이크 바이러스에서는 RNA가 유전물질이고, 5개의 유전자로 구성되어 있다. 그중의 하나는 RNA 리플리카제(replicase)라 불리며 담뱃잎의 세포 속에서 만들어져 바이러스의 RNA를 복제한다. 코트단백질의 아미노산 배열에 대응하는 유전자는 코트단백질을 만들게 한다. 바이러스가 침입한 잎의 세포에서는 바이러스의 RNA나 단백질의 합성이 강제된다.

박테리오파지

세균에 기생하는 바이러스는 박테리오파지라 불린다. 파지는 세균에 침입하면 불과 30분 만에 수백 개로 증식하기 때문에 유전연구에는 매우 편리하다. 이 파지에 착안하여 생명현상의 근본인 유전기구를 밝히려고 생각한 사람이 독일 태생의 델브뤼크(M. Delbrück)였다. 그는 1939년부터 캘리포니아 공과대학에서 파지를 연구하기 시작하여 많은 연구자를 끌어들였다. 그중에는 젊은 날의 왓슨도 있었다.

델브뤼크가 사용한 바이러스는 T파지로서 모가 난 머리와 꼬리, 그리고 꼬리털로 이루어져 있는데, 머릿속에는 DNA가 채워져 있다. T파지는 세균의 표면에 꼬리털을 부착하여, 꼬리를 세포 안으로 꽂아 넣고 꼬리의 관을 통해 두부의 DNA를 주입한다. 파지의 DNA는 세균의 RNA 합성효소에 자기의 정보를 읽게 하여 전령 RNA를 만들게 한다.

또 그 전령 RNA는 리보솜공장에서 파지를 위한 단백질을 생산하게 한다. 그렇게 만들어진 물질 중 하나는 DNA 분해효소로서 세균의 DNA를 파괴해 버린다. 파지의 DNA는 특별한 장치가 있어서 분해되지 않는다. 즉 숙주의 DNA를 자기용의 DNA로 재합성하기 위한 재료로 삼는 것

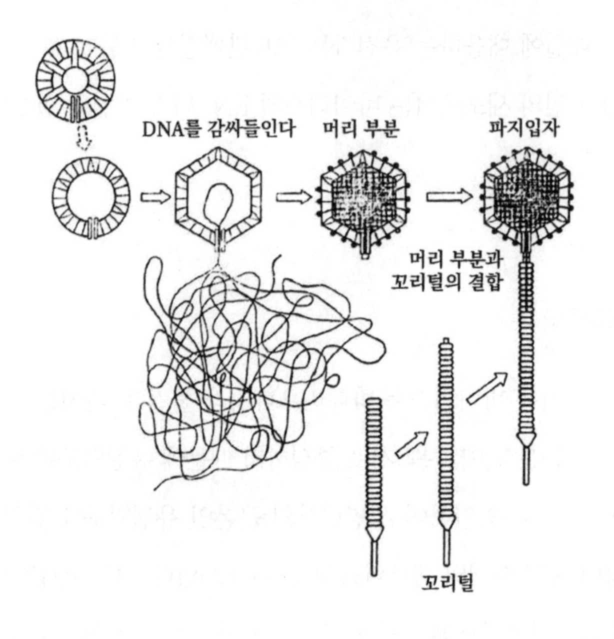

9-2 | 뉴클레오티드 수 5만의 람다파지의 DNA 구조는 이미 해명되어 있다. 두부가 형성되면 DNA가 머리 부분으로 끼어든다. 또 꼬리털은 따로따로 형성되어 머리 부분과 도킹해서 람다파지가 된다

이다. 그리고 머리, 꼬리, 꼬리털의 근원이 되는 단백질을 합성하게 한다.

T파지에는 150개나 되는 유전자가 있어서 많은 단백질이 세균 안에서 만들어진다. 담배모자이크 바이러스와는 달라서 간단하게는 바이러스를 만들지 못한다. 말하자면 각각의 부품으로부터 주된 부분이 먼저 조립되고 그것들이 집합하여 한 개의 완성품이 되는 것이다.

머리는 약 15종류의 단백질로 구성되어 있는데, 그중 주요한 것은 전체의 절반을 차지하는 두각(頭殼)단백질이다. 이것은 약 1,100분자가 집합

해서 속이 빈, 높이 0.1μm, 나비 0.07μm의 주머니를 만든다. 이미 합성되어 있는 50μm가 되는 긴 DNA가 머리의 목 부분의 구멍으로부터 끼어 들어 가서 차곡차곡 접혀 들어간다. 이와 같은 어려운 일이 어떻게 해서 원활하게 진행되는지에 대해서는 아직 알지 못하고 있다.

한편 꼬리와 꼬리털은 따로따로 조립되어 마지막으로 머리와 합체하여 바이러스가 완성된다. 약 20분이면 한 개의 대장균 안에 100개의 바이러스가 만들어져서 세균으로부터 튀어나온다. 한천 위에 콜로니를 형성하고 있는 대장균의 집단이 T파지의 침입을 받게 되면 그 부분만 녹아서 투명해지고 둥근 구멍처럼 보인다.

T파지는 세균을 죽여서 증식하지만, 파지 중에는 세균의 DNA 일부가 되어서 세균 속에 잠복해 있는 것이 있다. 머리와 꼬리로 되어 있고 T파지보다 간단한 형태를 한 람다파지는 때론 숙주의 DNA 속으로 잠입했다가 세균이 증식할 때 함께 증식한다. 어떨 때는 람다파지의 DNA가 활성화하면, 약 50개의 유전자 산물이 만들어지고 많은 수의 바이러스가 발생해서 T파지처럼 세균을 죽여버린다.

이와 같이 바이러스의 DNA가 숙주인 DNA의 일부가 되는 것이 어떤 암의 원인이라고 알려져 있다. 인간 세포의 염색체 일부로서 어떤 종류의 백혈병(白血病)을 일으키는 바이러스의 유전자가 들어가게 되어 이 유전자가 활동하기 시작하면 병이 발생한다.

바이러스 자체는 RNA를 가졌고, 세포 안에서는 RNA의 염기 배열을 유지한 DNA가 바이러스의 역전사효소(逆轉寫酵素: 제10장 참조)에 의해

9-3 | 프레더릭 생어(1918~2013)

만들어져서 이 DNA가 세포의 DNA 속에 들어간다. 도대체 바이러스의 DNA는 어떻게 활성화하는 것인지 그 계기가 되는 기구를 모르고 있다. 바이러스 유전자의 산물인 단백질이 어떻게 암으로 활성화하는지에 대해서는 현재 활발한 연구가 이루어지고 있다.

바이러스의 유전자

영국의 생어(F. Sanger)는 단백질의 아미노산 배열을 최초로 결정하여 1958년도의 노벨 화학상을 수상했다. 그 후 RNA의 염기 배열 결정법을 개발하여 많은 전이 RNA의 구조를 밝혔다. 또 DNA의 구조연구에도 착수하여 새로운 방법을 고안, 1977년에 $\pi\chi$174라는 작은 파지의 DNA의 전체 구조를 결정했다. 실로 5,375개의 뉴클레오티드로 이루어졌고 9개

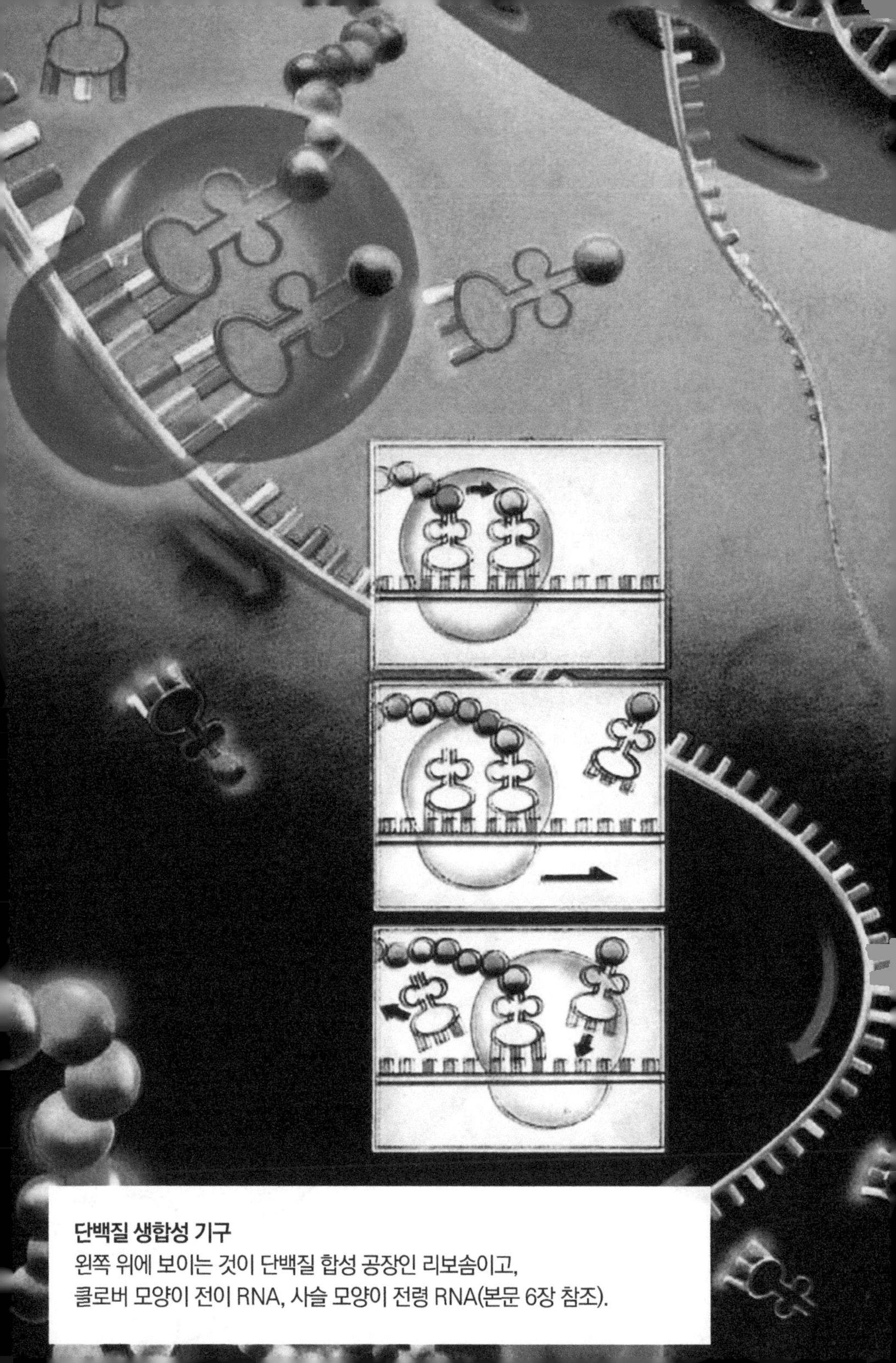

단백질 생합성 기구
왼쪽 위에 보이는 것이 단백질 합성 공장인 리보솜이고,
클로버 모양이 전이 RNA, 사슬 모양이 전령 RNA(본문 6장 참조).

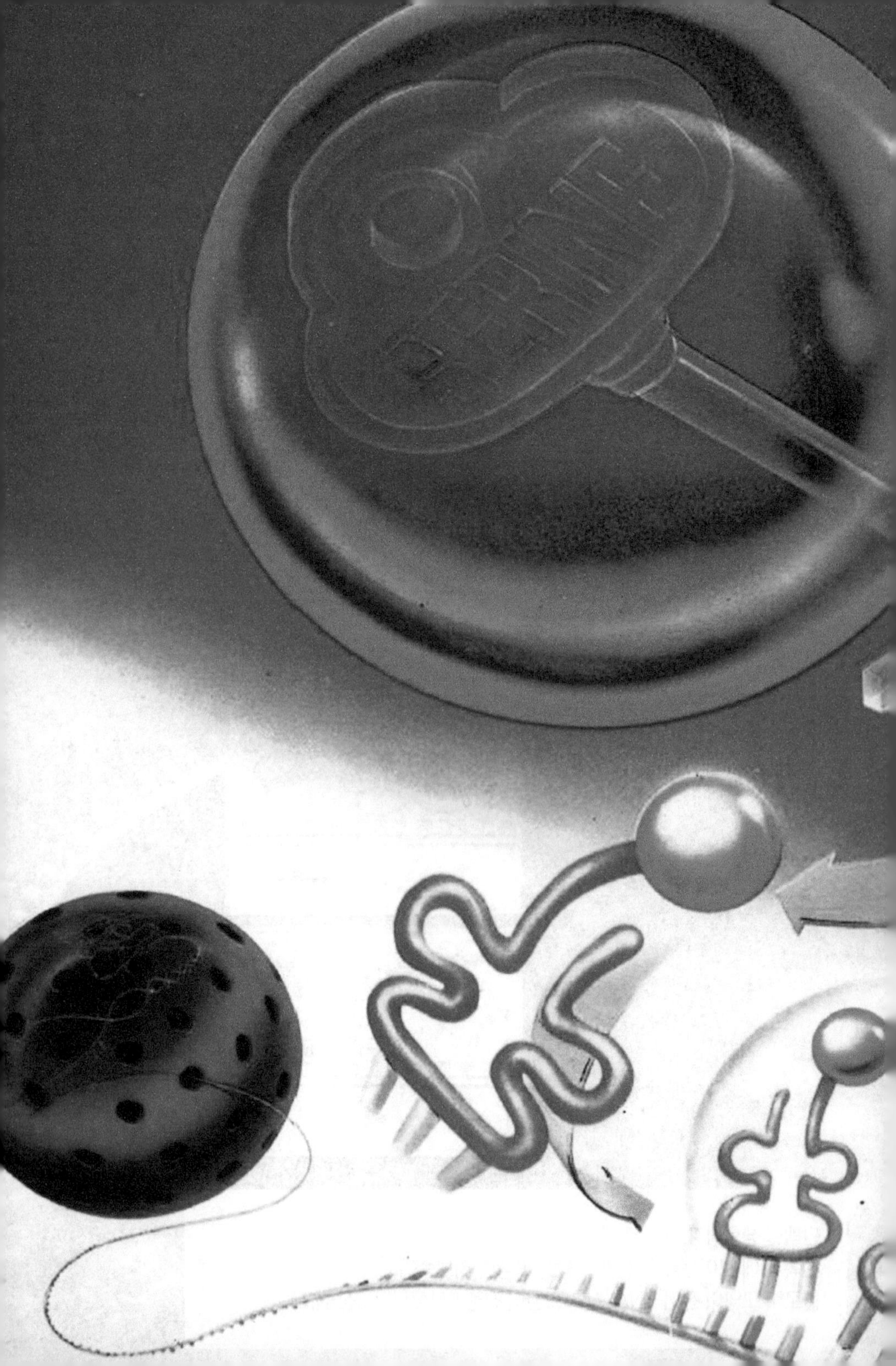

전이 RNA의 수수께끼
전이 RNA는 왜 코돈에 규정되어 특정 아미노산을 선별할 수 있을까?
시미지 교수는 획기적인 신설(新說)을 제안했다(본문 7장 참조).

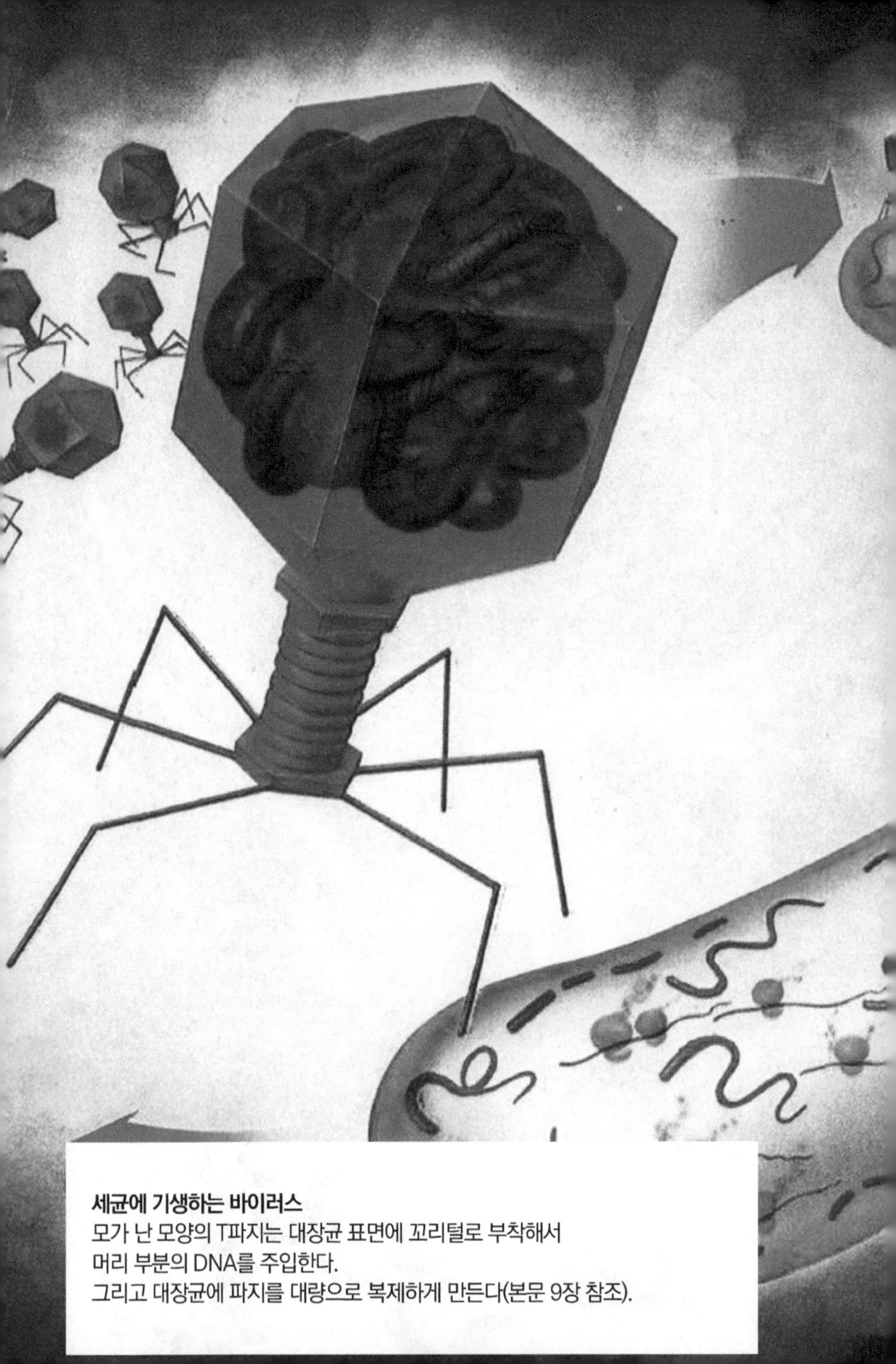

세균에 기생하는 바이러스
모가 난 모양의 T파지는 대장균 표면에 꼬리털로 부착해서
머리 부분의 DNA를 주입한다.
그리고 대장균에 파지를 대량으로 복제하게 만든다(본문 9장 참조).

의 단백질 유전자를 가졌다.

의외로 동일한 DNA 사슬 위에 순서를 달리하여 2종류의 단백질에 대응하는 유전자가 중복해서 존재한다는 것을 알았다. 더구나 그것이 2개나 있었다. 자그마한 DNA 경제학(經濟學)이라고도 할 수 있다. 생어는 이 업적으로 두 번째의 노벨 화학상(1979년도)을 수상했다.

DNA의 염기 배열에 관한 연구는 더욱 진보하고 있으며, 람다파지의 뉴클레오티드 수가 5만이라고 하는 DNA의 전체 구조도 밝혀져 있다. 유전자의 수도 50개에 이른다.

인공생명은 가능한가?

생명을 인간의 손으로 시험관 안에서 만들어 낸다는 것은 과학자가 품는 꿈의 하나이다. 그것이 현재에는 가능하다고 할 수 있게 되었다. 그것은 DNA 또는 RNA와 단백질로 되어 있는 바이러스이다. 100개 정도의 아미노산으로 구성된 단백질은 오토매틱 합성기계로써 이미 합성할 수 있게 되었다.

그러므로 담배모자이크 바이러스의 코트단백질은 인공합성이 가능하다. RNA 쪽도 100개 정도의 뉴클레오티드의 합성에 성공했다. 많은 단편을 합성하여 연결하면 담배모자이크 바이러스의 RNA 합성도 불가능하지는 않다. 단백질과 RNA만 만들 수 있다면 바이러스를 만들 수가 있다. 몇 해 안 가서 인공바이러스의 합성이 신문지면을 떠들썩하게 만들 것이다.

바이러스는 생명의 원시적인 것이 아니라 세균이 가장 퇴화해서 기생생활에 적응한 특수한 것으로 간주되고 있다. 세균 이상의 세포는 세포막을 비롯하여 여러 가지 소기관을 갖추고 있어서 그 하나하나를 인공으로 만들어서 세포를 재구축한다는 것은 현재로서 도저히 불가능한 일이다.

10장

유전자공학

우선 유전자를 준비해야 한다. 그것을 적당한 운반체(벡터: vector)에 넣는다. 그리고 운반체를 세균에 흡수시켜 증식시키는 것이다.

작은 유전자는 인공적으로 합성이 가능하다. 미국의 코라나(H. G. Khorana)는 77개의 뉴클레오티드로 구성되는 전이 RNA 유전자를 1970년에 합성했다.

미국에 체재하고 있는 일본의 이타쿠라 케이이치 박사는 소마토스타틴(somatostatine)이라는 아미노산 14개의 작은 뇌호르몬에 착안했다. 이것의 유전자는 42개의 뉴클레오티드에 해당한다. 앞뒤에 신호를 달아 60개로 구성되는 인공유전자를 합성하여 대장균에 넣어서 소마토스타틴을 생산하는 데 성공했다.

보통 단백질은 100개 정도의 아미노산으로 되어 있으므로 그 유전자는 300개 이상의 뉴클레오티드가 배열된 것이다. 이렇게 긴 DNA는 현재 인공적으로는 합성할 수가 없다. 따라서 천연의 유전자를 추출해야 한다. 인간의 세포핵 속에는 수만의 유전자가 있으므로 한 개의 유전자를 골라낸다는 것은 불가능해 보인다. 그런데 분자생물학의 방법을 충분히 활용하면 그것이 가능해진다.

유전자를 낚아낸다

우선 목표하는 단백질의 항체를 손에 넣는다. 이를테면 쥐의 단백질을 토끼에 주사하면 1개월 후에 혈액 속에 그것에 대한 항체가 나타난다. 쥐의 단백질을 합성하는 조직을 짓이겨 여러 가지 시약(試藥)에 넣어서 단백질을 합성한다. 거기에 항체를 가하면 항체항원반응(抗體抗原反應)에 의해 생성된 단백질이 침전한다. 이것을 모아서 그 속에서 RNA를 추출한다. 즉 아직 결합된 채로 있는 전령(메신저) RNA를 모아 단백질로부터 분리하는 것이다.

그런데 전령 RNA는 유전자의 DNA의 염기 배열을 읽어서 만들어진 것이다. 따라서 RNA의 배열을 고스란히 읽어내어 DNA로 만들면 유전자가 된다. 어떤 종류의 RNA 바이러스에는 이 능력을 가진 역전사효소(逆轉寫酵素)라고 불리는 효소가 존재한다.

DNA→RNA의 정보의 흐름을 역류하게 하는 이 효소는 1970년에 미국의 테민(H.M. Temin)의 연구실에서 일본의 미주다니 사토시 박사에 의해 발견되었다. 이것은 곧 볼티모어(D. Baltimore)에 의해 확인되고, 이 상식을 초월한 효소의 존재가 받아들여졌다.

1975년에 테민과 볼티모어는 암바이러스 연구의 선구자인 둘베코(R. Dulbecco)와 더불어 노벨 의학·생리학상을 수상했는데 어쩐 일인지 발견자 미주다니는 제외되었다.

어쨌든 미주다니의 역전사효소의 작용으로 전령 RNA로부터 DNA

가 만들어진다. 이 DNA는 복제 DNA라고 불린다. 복제 DNA를 RNA에서 떼어내고, DNA 합성효소로 상보적인 DNA를 만들게 하여 이중나선의 DNA를 완성한다. 방사성이라는 딱지를 붙인 복제 DNA를 사용하여 수만의 유전자의 집합에서부터 상보성 DNA를 골라낼 수도 있다. 여기서 DNA를 낚아낸다는 말이 쓰이고 있다.

운반체(백터)의 역할

목적하는 DNA가 입수되더라도 그대로는 세균에다 넣을 수가 없다. 좋은 방법을 고안한 것이 미국의 코헨(S. S. Cohen)으로(1973년), 천연의 운반체를 이용하는 방법이었다.

세균에는 플라스미드(plasmid)라 불리는 작은 DNA가 있다. 플라스미드는 많아야 수만 개의 뉴클레오티드로 구성된 고리 모양의 DNA로서, 세균 안에서 증식한다. 세균 본래의 DNA는 400만 개의 뉴클레오티드로 이루어진 거대한 환상(環狀) DNA이다. 플라스미드는 몇 개의 유전자를 가진 채 본래의 DNA와는 떨어져서 존재한다. 코엔은 외래 유전자를 플라스미드에 넣어서 세균 안으로 들여보내는 데 성공했다.

플라스미드에 유전자를 넣는 데는 몇몇 효소의 활동이 필요하다. 우선 환상 DNA를 절개해야 한다. 그것도 단 한 군데에 한정된다.

DNA의 특정한 염기 배열의 한 점을 분해하는 제한효소라고 불리는 효소를 세균이나 바이러스에서 볼 수 있다. 이 효소는 50종류 정도

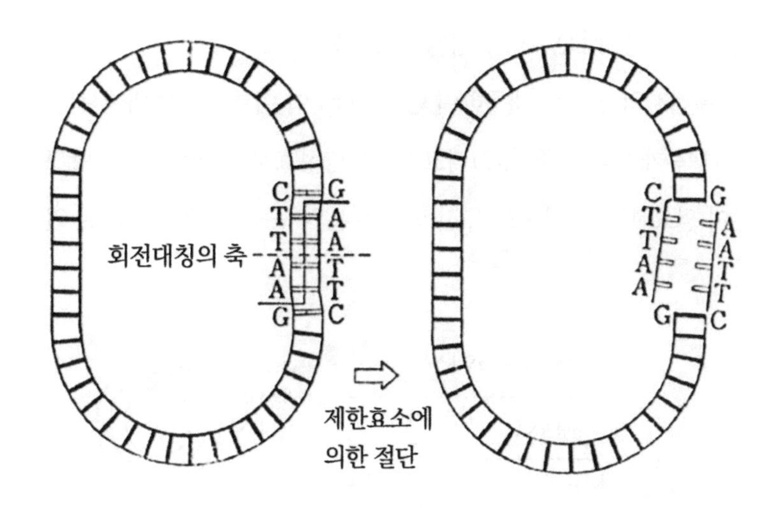

10-1 | 제한효소는 DNA의 뉴클레오티드쌍이 회전대칭으로 되어 있는 장소, 즉 회문(回文: 역방향으로 읽어도 같은 말이 된다)으로 되어 있는 장소를 절단한다. 제한효소는 뉴클레오티드가 4개 분리된 곳에서 DNA 사슬을 절단한다. 따라서 그림과 같이 제한효소가 작용하는 것이다

가 알려졌고 발견자 아르버(W. Arber), 스미스(H. O. Smith), 네이선스(D. Nathans)는 1978년도의 노벨 의학·생리학상을 수상했다.

제한효소로 절개한 플라스미드의 끊어진 곳에 몇 개의 뉴클레오티드를 부가(付加)한다. 이것도 별개의 효소(말단전이효소)에 의해 이루어지는데, 이것은 결합할 자리를 만드는 것으로, 넣게 될 유전자의 말단에도 결합 부위를 만들어 둔다. 이리하여 유전자는 플라스미드 속으로 들여 보내진다.

이 플라스미드를 대장균 속에 넣으면 세균 속 몇 개의 효소가 작용해

서 완전한 환상 DNA로 완성되어 증식한다.

유전자의 정보를 해독하여 단백질합성이 이루어지기 위해서는 유전자에 해독 개시점과 종점, 그리고 DNA 합성효소가 결합하는 프로모터 부분이 필요하다. 그러므로 유전 정보 부분의 구조유전자만으로는 안 된다.

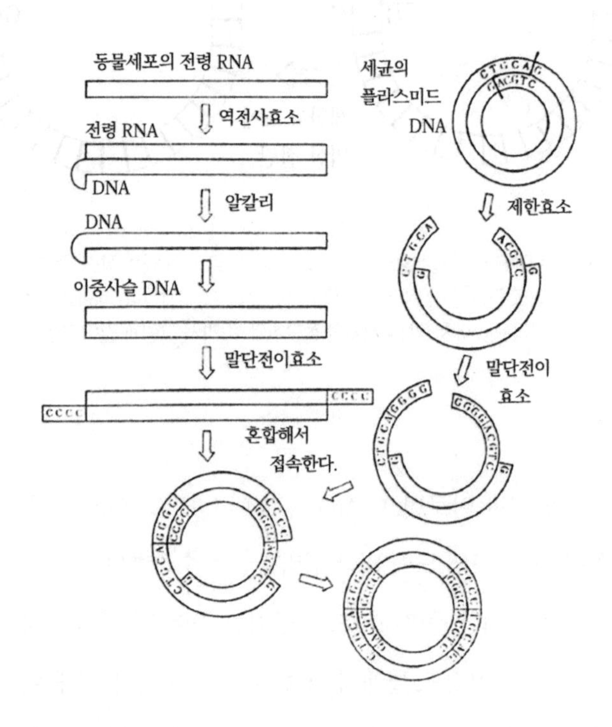

10-2 | DNA를 재결합하는 기술. 먼저 동물세포의 전령 RNA로부터 역전사효소를 사용하여 단일사슬의 DNA를 얻는다. 그것을 알칼리 등을 처리하여 이중사슬 DNA를 만든다. 한편 플라스미드도 제한효소를 사용해서 절단하고, 말단전이효소로 같은 종류의 염기 몇 개를 그 끝에 부착한다. 즉 풀칠할 자리와 같은 것이다. 이중사슬 DNA도 말단전이효소로 처리하여 플라스미드에 부착한 풀칠 자리와 상보적인 풀칠 자리를 붙인다. 이것을 그림과 같이 접속한다. 플라스미드의 빈 부분은 세포 내의 효소에 의해서 수복된다

그러나 여기에도 교묘한 뒷길이 있다. 그것은 플라스미드의 어떤 유전자 정보 부분 중간에다 외래유전자를 넣는 방법이다. 그러면 본래 유전자의 조절 부분을 써서 해독이 이루어진다. 그 대신 산물인 단백질은 잡종이 된다. 따라서 나중에 불필요한 부분은 인공적으로 절단해야 한다.

1978년에 미국의 길버트(W. Gilbert)는 쥐의 인슐린 유전자를 대장균의 플라스미드에 넣어 인슐린(insulin)의 합성에 성공했다. 이것은 의약품으로 사용이 가능하다는 것이 알려져서 임상검사가 행해지고 있다. 아마도 가까운 장래에 시판될 것이다. 인슐린은 돼지나 소의 췌장에서 추출하고 있었다.

소마토스타틴이나 인슐린 외에도 인터페론(interferon), 성장호르몬, 알부민 그 밖의 것이 유전자공학의 기술로 생산되고 있어 실용화도 가까울 것으로 기대되고 있다. 특히 성장호르몬은 인간의 뇌하수체(腦下垂體)에서 얻어지고 있으며, 양이 한정되어 있어 소인증(小人症) 환자의 대부분은 치료를 받을 수 없다. 그런 만큼 세균제 호르몬의 입수를 기대하고 있다.

유전자공학의 문제점

유전자공학은 이처럼 눈부신 발전이 기대되고 있으나 문제점도 없지 않다. 첫째로 미국에서는 윤리, 사회문제로 인해 1973년부터 2년간 실험이 중지되었듯이 위험성을 부정할 수 없는 면이 있다. 유전자공학에 사용되는 대장균주는 특수한 것으로서 통상의 조건 아래서는 생존할 수가 없다고 한다. 물론 가이드라인이 있어서 유전자 재결합 세균은 외부로 나가지 못하게 규제되어 있다.

그러나 만에 하나라도 인슐린 생산균이 돌연변이를 일으켜서 인체의 장 안에 살게 되는 일이 생긴다면 큰일이다. 저혈당이 되어 무력화해질 것이다. 이것이 한층 엄중한 주의가 필요한 이유이다. 그렇다고 괴물(monster)이 태어날 것이라고 생각하는 것은 과잉 공포라고도 할 수 있다.

또한, 뭐니 뭐니 해도 세균으로 만들게 하는 것이므로, 제품에는 세균의 단백질이 미량이나마 섞여들 가능성이 있다. 이것은 거듭되는 복용과 더불어 항체를 만들게 해서 쇼크사를 일으키게 된다. 따라서 제품의 철저한 순수화가 필요하다.

11장

슈퍼마우스의 탄생

1982년 말, 미국의 분자생물학자들은 흰쥐의 성장호르몬 유전자를 생쥐에 이식하여 보통의 쥐보다 2배나 큰 「슈퍼마우스」를 만드는 데 성공했다. 이 뉴스는 그때까지 세균 등에만 한정되어 있던 유전자공학의 기술이 고등동물에게 응용될 수 있다는 것을 처음으로 보여준 점에서 큰 파문을 일으켰다.

이종 유전자가 작용했다

성장호르몬이란 뇌하수체에서 분비되는 단백질의 호르몬으로 이것이 없으면 발육이 멎는다. 인간에서 이 호르몬의 분비가 적으면 신장이 1m 정도의 발육으로 멎는 소인증(小人症), 많으면 또 3m에 가까운 거인증(巨人症)을 일으킨다. 인간에게는 기껏해야 원숭이의 호르몬만 효과가 있으나, 흰쥐와 생쥐에서는 서로의 호르몬이 효과를 나타낸다.

몸집이 큰 흰쥐의 호르몬이 생쥐를 크게 만들 것이라고 보통은 생각하기 쉽지만 실제는 단순히 호르몬 양이 많기만 하면 된다. 따라서 보통의 쥐에 생쥐(또는 흰쥐)의 성장호르몬을 주사하면, 2배 정도의 슈퍼마우스는 쉽게 얻는다. 그러므로 대형 생쥐가 유전자공학으로 만들어졌다는 것은 그 자체로서는 별로 큰 의미가 없다. 중요한 것은 종류가 다른 유전자가 체내에서 작용했다는 점이다.

슈퍼마우스에의 길

고등동물의 유전자 정보를 해독하여 단백질이 만들어지는 데는 아직도 잘 모르고 있는 해독(解讀)의 조절영역(調節領域)이라고 하는 DNA 부분이 필요하다. 이 부분이 유전자와 연결되어 있지 않으면 유전자의 정보를 전령 RNA가 해독할 수 없기 때문이다.

워싱턴 대학의 하워드휴즈 의학연구소의 리처드 팔미타 박사 등은 메탈로티오네인(methalotioneine)이라는 단백질의 유전자에 착안했다. 이 단백질은 간장에서 만들어지며 독성이 있는 납이나 아연과 결합하여 독성을 해소하는 작용을 한다. 아연이 주어지면 이 유전자가 활성화하여 메탈로티오네인을 자꾸만 만들어낸다.

그래서 먼저 생쥐의 간장에서 메탈로티오네인 유전자를 추출하고, 그것의 조절영역이라고 생각되는 부분(253 염기쌍)을 잘라냈다. 그것을 흰쥐의 성장호르몬 유전자에 결합시킨다. 생쥐와 흰쥐의 혼합 DNA를 만든 셈이다. 이 잡종 DNA를 대장균에 넣기 위해 플라스미드의 DNA에 넣는다. 그리고 플라스미드를 대장균 안에서 증식시켜 DNA 부분만을 잘라내어 모은다. 입으로 말하기는 쉬워도 현실로는 갖가지 기술을 구사하여 생쥐와 흰쥐의 잡종 DNA를 추출하는 것이다.

다음에는 생쥐의 알을 시험관 안에서 수정시켜 정자가 알 안으로 침입한 직후에 정자의 두부(DNA의 덩어리이다)를 겨냥하여 가느다란 유리관을 통해서 잡종 DNA를 대량으로 주입한다. 이윽고 정자와 알의 DNA가 세트되어 발생을 시작하는데, 주입된 잡종 DNA의 몇몇이 생쥐의 DNA 속에 들어간다. 수정란은 생쥐의 자궁 안으로 넣어 발생을 계속하게 한다.

이렇게 해서 태어난 생쥐 중에서 흰쥐의 유전자를 가진 것이 발견되었다. 처음 계획으로는 아연을 먹이에 섞어서 메탈로티오네인 조절영역을 활성화하여 성장호르몬을 많이 생산시킬 예정이었으나, 그렇게 하지 않고서도 흰쥐의 호르몬이 다량으로 만들어져서 슈퍼마우스가 출현하게 되었다.

그중의 생쥐 한 마리는 흰쥐의 유전자를 세포당 35개나 가지고 있어서 급속히 성장한 뒤 7주 만에 죽었다고 한다.

유전자 결손의 질병 치료 가능성

「슈퍼마우스」의 탄생은 유전자공학에서의 큰 발전이라고 할 수 있다. 고등동물 사이에서 다른 생물의 유전자를 넣는데 훌륭하게 성공했기 때문이다. 성장호르몬 그 자체만으로 동물의 크기가 결정되는 것은 아니기 때문에 그 양이 많아지더라도 곰처럼 큰 생쥐가 만들어지는 것은 아니다.

이 수법이 유전자의 결손에 의한 질병 치료에 활용될 수 있지 않을까 하는 기대가 모아지고 있지만, 그것은 훨씬 장래의 일이다. 첫째로 DNA를 수정란에 넣는 확실한 기술이 확립되어 있지 않다. 둘째 그와 같은 처리를 받은 수정란이 건전하게 발육한다는 보증이 없다. 동물실험에서는 성공한 사례만 보고되어 있어 실패한 예는 어떤 것인지 알지 못하고 있다.

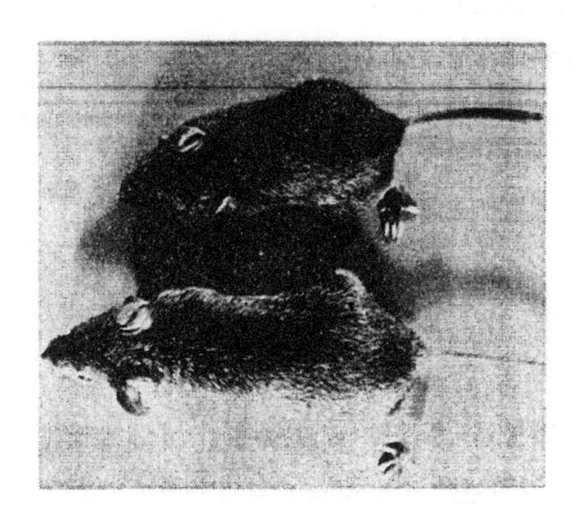

11-1 | 보통 쥐(상)보다 2배나 큰 슈퍼마우스(하)

사람의 체외수정(體外受精)은 겨우 시작되었을 뿐이다. 따라서 수정란의 조작에 수반되는 위험을 예측하지 못하고 있다. 셋째로 설사 성공을 하더라도 재조합한 DNA의 기능이 어떻게 계속될 것인지도 아직은 추적 중이기 때문이다.

유전자 정보의 발현과정

1983년 말, 워싱턴 대학의 팔미타 교수 등은 흰쥐의 유전자 대신 사람의 성장호르몬 유전자를 사용하여 같은 수법으로 생쥐에 재조합하는 데 성공했다. 실험에서는 70%의 생쥐가 사람의 성장호르몬을 생산하여 보통 크기의 2배 이상으로 자랐다. 이것은 인간의 유전자가 다른 동물의 체내에서 발현한 최초의 예이다.

「슈퍼마우스」의 조작기술은 유전자의 작용이 어떻게 조절을 받고 있는가, 어떻게 발현하는가를 연구하는 데 매우 유력하다. 왜냐하면 유전자의 작용은 극히 제한된 종류가 각 조직에서 발현하고 있고, 그 조절기구가 명확하지 못하기 때문이다.

다른 생물의 단백질을 검출하는 일은 항체법(抗體法) 등으로 쉽게 할 수 있고, 어느 조직에서 작용하고 있는가도 금방 알 수 있다. 또 발생이나 발육, 노화 과정에서도 추적이 가능하다. 조절영역의 염기 배열을 인공적으로 바꾸어서 그 효과를 알 수도 있다. 그런 의미에서 유전자 정보의 발현 연구에 크게 공헌하게 될 것이다.

12장

발암유전자

암은 뇌졸중이나 심근경색과 더불어 가장 무서운 성인병이다. 일본인의 사망 원인은 1981년 이래 암이 수위(首位)를 차지하고 있다. 암은 인체 내의 정상세포로부터 생긴 암세포가 비정상적으로 증식하여 영양분을 모조리 소비하고 여러 조직의 기능을 빼앗아 죽음에 이르게 한다.

치료법은 조기에 절제하는 것이 가장 효과적이지만, 암이 진행되었을 경우에는 방사선조사(照射)나 약제 투여로 상당한 치료를 했다고 하더라도 시기를 놓치는 일이 많다. 그 이유는 본래 인체의 세포에서 생긴 것이므로, 암세포를 퇴치하게 되면 정상세포까지도 다치기 때문이다. 그러나 최근 수년간의 눈부신 암 치료법의 진보 중에는 큰 기대를 갖게 하는 것이 있다.

암의 발생기구

암은 도대체 어떻게 생기는 것일까? 암의 발생과 관련해서는 콜타르에 함유되는 벤조피렌(benzphyrene) 등 많은 발암물질이 알려져 있다. 이런 발암물질에 오랫동안 노출되어 있는 동안에 정상세포가 암세포화하는 것이 틀림없다.

일반적으로 세포는 함부로 분열해서 증식하는 것이 아니라 일정한 질서를 유지하고 있다. 우리 체내의 각 조직은 적절한 크기를 유지하고 있다. 뇌세포와 같이 생후에는 분열하지 않는 것도 있으나, 그 외는 발육에 따라서 증식하고 성체(成體)가 되면 보충하는 정도에서 그친다. 이를테면 간장의 일부를 잘라내면 세포분열이 활발해지고 본래로 돌아가면 분열이 멎는다.

이와 같은 세포분열의 조절기구는 아직껏 밝혀지지 않았다. 따라서 규제를 받지 않고 분열을 계속하는 암세포에 대해서도 왜 규제를 받지 않는지 현재의 생물과학은 대답할 수가 없다. 그러나 암세포의 연구로부터 거꾸로 세포분열의 조절기구가 해명될 조짐이 보이기 시작했다.

닭의 육종(肉腫)을 일으키는 라우스바이러스가 라우스(F. D. Rous)에 의해 발견된 지 70년 이상이 지났다. 1911년에 이 바이러스를 발견한 라우스는 55년 후인 1966년도의 노벨 의학·생리학상을 수상했다. 이 바이러스를 유리그릇 안에서 배양한 정상세포에다 가하면 세포는 암세포화한다. 바이러스의 유전자는 불과 4개밖에 없는데, 그중의 하나인 사크

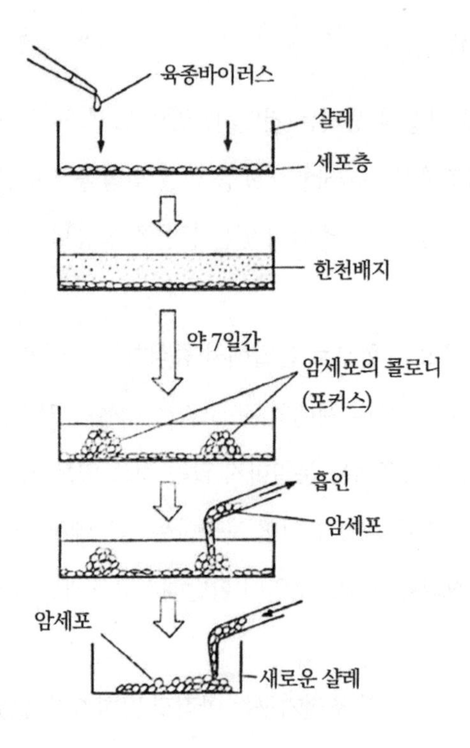

12-1 | 육종바이러스에 의한 배양세포의 암세포화와 바이러스 및 암세포 클론화의 실험 순서

(sarcoma의 약어)유전자가 암화의 원인이라는 것이 확인되었다.

뉴욕 록펠러 대학의 일본인 교수 하나부사 히데사부로는 사크유전자를 연구하던 중 뜻밖의 사실을 발견했다. 사크유전자가 결손된 바이러스주(따라서 발암성이 없다)를 닭의 세포에 감염시키고 있던 중, 이 바이러스에 이상한 것이 나타났던 것이다. 사크유전자가 바이러스의 DNA 속으로 다시 들어간 것이다.

그 근본 원인은 닭의 유전자에 있는 것이 틀림없다. 즉 발암유전자는 정상세포의 염색체 속에 존재하고 있는 것이다. 그러고 보면 바이러스의 사크유전자 자체가 세포에서 유래한 것이라고 생각할 수도 있다.

여기서 육종바이러스의 유전자는 DNA가 아니라 RNA라는 것을 말해 두어야 한다. 어째서 바이러스의 RNA가 닭세포의 DNA와 마찬가지로 기능할 수가 있는가?

이 문제는 1970년, 미주다니 사토시와 테민에 의해 해결되었다. 역전사효소가 존재해 있어서 바이러스의 RNA로부터 고스란히 염기 배열을 전사하여 DNA를 만들기 때문이다.

인간도 발암유전자를 가졌다

닭의 발암유전자의 발견은 인간에게도 그런 암유전자가 있을 가능성을 제시했다. 사실 1982년이 되면서부터 속속 암유전자가 추출되었다. 사람의 방광암, 폐암, 결장(結腸)암 등에서 단리(單離)된 유전자는 사크유전자와 흡사한 염기 배열을 가졌으며 라우스유전자군이라고 불린다.

암은 어느 세포의 DNA 속에도 존재하는 암유전자의 작용에 의해서 발생하게 되는 것이라고 현재 생각되고 있다. 그러나 이 유전자는 보통 작용하지 않는다. 발암물질 등의 영향으로 암유전자가 작용하기 시작하는 기구에 대해서도 아직 알지 못하고 있다.

유전자의 작용이란 그 구조유전자의 염기 배열이 번역되어 일정한 아

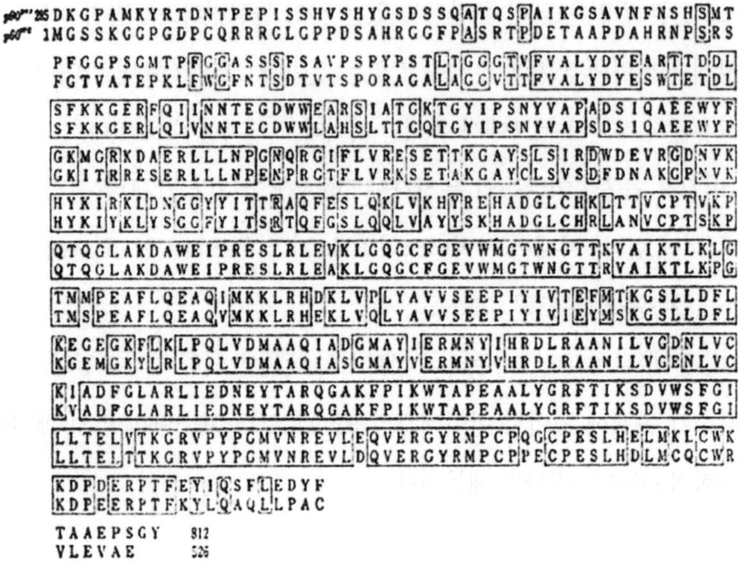

```
p60 285 DKGPAMKYRTDNTPEPISSHVSHYGSDSSQATQSPAIKGSAVNFNSHSMT
p60 1MGSSKCCPGDPCQRRRCLCPPDSAHRCGFPASRTPDETAAPDAHRNPSRS
PFGGPSCMTPFCGASSSFSAVPSPYPSTLTGGGTVFVALYDYEARTTDDL
FGTVATEPKLFWCFNTSDTVTSPORAGALACCVTTFVALYDYESWTETDL
SFKKGERFQIINNTEGDWWEARSIATGKTGYIPSNYVAPADSIQAEEWYF
SFKKGERLQIVNNTECDWWLAHSLTTGQTCYIPSNYVAPSDSIQAEEWYF
GKMGRKDAERLLLNPGNQRGIFLVRESETTKGAYSLSIRDWDEVRGDNVK
GKITRRESERLLLNPENPRCTFLVRKSETAKGAYCLSVSDFDNAKGPNVK
HYKIRKLDNGGYYITTRAQFESLQKLVKHYREHADGLCHKLTTVCPTVKP
HYKIYKLYSCCFYITSRTQFGSLQQLVAYYSKHADGLCHRLANVCPTSKP
QTQGLAKDAWEIPRESLRLEVKLGQGCFGEVWMGTWNGTTKVAIKTLKLG
QTQGLAKDAWEIPRESLRLEAKLGQGCFGEVWMGTWNGTTRVAIKTLKPG
TNMPEAFLQEAQIMKKLRHDKLVPLYAVVSEEPIYIVTEFMTKGSLLDFL
TMSPEAFLQEAQVMKKLRHEKLVQLYAVVSEEPIYIVIEYMSKGSLLDFL
KEGEGKFLKLPQLVDMAAQIADGMAYIERMNYIHRDLRAANILVGDNLVC
KGEMGKYLRLPQLVDMAAQIASGMAYVERMNYVHRDLRAANILVGENLVC
KIADFGLARLIEDNEYTARQGAKFPIKWTAPEAALYGRFTIKSDVWSFGI
KVADFGLARLIEDNEYTARQGAKFPIKWTAPEAALYGRFTIKSDVWSFGI
LLTELVTKGRVPYPGMVNREVLEQVERGYRMPCPQGCPESLHELMKLCWK
LLTELTTKGRVPYPGMVNREVLDQVERGYRMPCPPECPESLHDLMCQCWR
KDPDERPTFEYIQSFLEDYF
KDPEERPTFKYLQAQLLPAC
TAAEPSGY   812
VLEVAE     526
```

12-2 | 사크유전자(하)와 예스유전자의 염기 배열에서 추정한 아미노산 배열의 비교

미노산 배열을 가진 단백질이 만들어지는 일이다. 발암유전자가 규명되자 그 단백질 산물이 무엇이며 그 기능이 무엇인가 하는 것이 당연히 문제가 된다.

닭의 육종바이러스 사크유전자의 산물은 분자량 6만의 단백질이다. 이 $P60^{src}$라는 단백질의 작용은 다른 단백질 속의 티로신(tyrosine)이라는 아미노산을 인산화하는 효소라는 것을 알았다. 인산화는 많은 효소의 활성화를 일으킨다. 따라서 $P60^{src}$는 세포 안의 몇 종류나 되는 효소를 활성화하여 암세포화하는 것이 아닐까 생각된다.

유감스럽게도 아직은 결정적인 수단이 될 인산화효소가 발견되지 않았다. 어떤 사람들은 효소뿐만 아니라 세포막이나 세포 지지 구조의 형성에 관여하는 단백질을 인산화로 인해 성질과 기능을 바꾸기 때문이 아닐까 생각하고 있다.

암 치료에의 길

암유전자는 사크유전자나 라우스유전자 외에도 수십 종류가 있다는 것을 알고 있으며, 그 유전자의 산물이 확인되어 가고 있다. 그 산물은 인산화효소뿐만 아니라 세포 증식 인자의 수용체나 세포 지지(支持) 구조단백질(actin) 등이 밝혀져 있다. 지금까지는 무엇을 조사하면 암세포화를 알 수 있는지 도무지 짐작이 가지 않았다. 그러나 지금은 암유전자 산물의 작용을 하나하나 조사해 나가면 반드시 해답을 얻을 수 있을 것이라는 기대를 할 수 있게 되었다. 가까운 장래에 판명될 것이다.

일단 암세포화의 과정이 밝혀진다면 그것을 저지하는 약제의 개발이 가능하며, 암 치료의 길이 트일 것이다. 또 암유전자의 활성화 기구를 알게 되면 그것을 방지하는 수단이 고안되어 암 예방에 크게 공헌하게 될 것이다. 분자유전학의 진보가 가져올 커다란 성과에 기대가 모아진다.

13장

이동하는 유전자

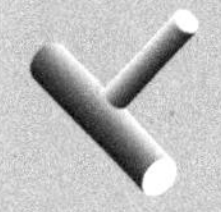

1983년도의 노벨 의학·생리학상이 미국의 유전학자 매클린토크(B. McClintoke)에게 수여되었다. 32년 전에 발표한 「움직이는 유전자」의 연구에 대한 것이었다. 수상 소식을 들은 매클린토크는 「어머나!」하고 중얼거렸을 뿐 그녀가 정성 들여 가꾸고 있는 옥수수밭으로 산책을 나갔다고 한다.

얼룩 옥수수

매클린토크는 뉴욕주의 콜드 스프링 하버라는 작은 섬에 있는 연구소에서 40년 동안 혼자서 차분히 옥수수의 유전에 관해 조사해 왔다. 옥수수 알갱이는 보통 노란 색깔이지만 때로는 보라, 검정, 복숭아빛을 띤 것 등이 있다. 이것들은 안토시안(anthocyan)이라는 색소의 종류나 농도의 차이로 인한 것이다.

매클린토크가 착안한 것은 알갱이의 색깔에 얼룩진 반점이 있는 현상이었다. 반점이 있는 옥수수는 건조화(dry flower) 가게에서 볼 수 있다.

어째서 같은 옥수수에 얼룩진 것이 생길까? 우선 거무죽죽한 안토시안 색소를 만들게 하는 유전자의 존재가 확인되었다. 그러나 이 유전자는 옥수수의 어떤 알갱이에도 작용하여 전체를 검게 만들 것이므로, 흰빛을 띤 알갱이가 왜 출현하는지 설명하지 못한다. 무엇인가가 유전자의 작용을 억제하고 있는 것이 틀림없다.

매클린토크는 하나하나의 알갱이를 생육시켜 갖가지 계통과 교배하여 결실된 옥수수 알갱이의 색깔 모양을 추적했다. 그 결과 유전자의 작용을 조절하는 유전자가 2종류 있다는 것을 확인했다. 하나는 활성화(活性化) 유전

13-1 | 바바라 매클린토크

자로서 색소(色素) 유전자의 작용을 발현시킨다. 또 하나는 해리인자(解離因子)로서 색소유전자의 작용을 정지시킨다.

조절유전자가 이동한다

매클린토크의 대담한 가설은 얼룩진 것을 설명하는 데 이 두 조절유전자가 이동할 수 있는 것이라고 했다. 색소유전자와 활성화유전자가 근접해 있을 때는 검은빛을 띤 옥수수가 만들어진다. 그러나 거기에 해리인자가 끼어들면 색소유전자의 작용이 약화되어 얼룩진 옥수수가 만들어지게 된다. 그리고 활성화유전자가 이동하면 색소유전자의 기능이 완전히 없어져 흰빛을 띤 옥수수가 되어 버린다.

이리하여 조절유전자는 염색체 사이를 이동할 수 있다는 설을 매클린토크는 1951년에 발표했으나, 아무도 이것을 이해해주지 않았다. 유전자는 늘 염색체 위의 일정한 부위에 있다고 하는 것이 상식이었기 때문이다.

그녀의 논문에 관심을 보인 사람은 불과 세 사람뿐이었다고 한다. 매클린토크는 콜드 스프링 하버 연구소에서 혼자 조용히 연구를 계속하며 눈에 띄는 발표는 일절 하지 않았다. 그동안 분자유전학은 화려하게 진전해 나갔다.

1963년이 되어서 세균에서도 이동하는 조절유전자의 존재가 제시되어 옥수수에서만의 현상이 아니라는 것을 알았다. 1970년대에 들어와서는 세균이나 바이러스에서 DNA의 일부가 이동하여 다른 유전자의 작

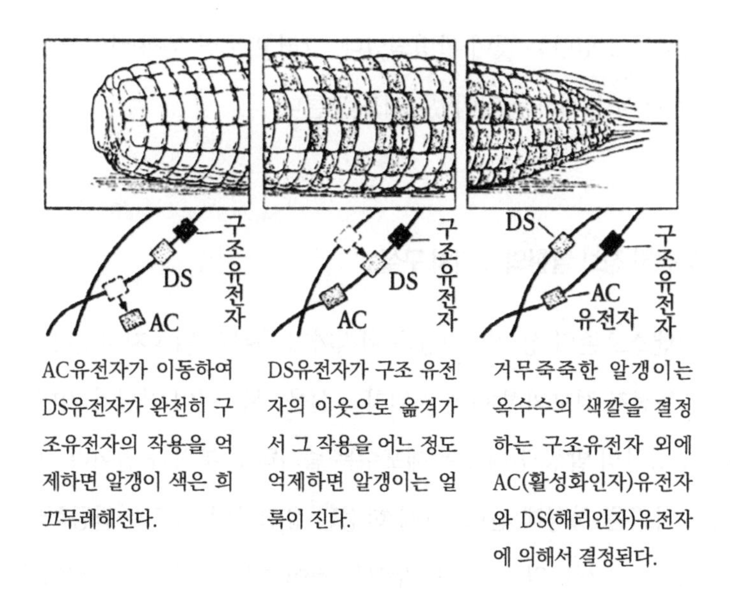

13-2 | 옥수수의 알갱이 색깔을 결정하는 이동하는 조절유전자

용에 영향을 끼치는 사례가 잇달아 알려졌다. 그것이 두드러진 경우에는 1,000개 단위의 염기 배열이 하나의 유전자 속에 넣어져서 그 정보의 해독을 중단시켜 버린다. 1974년, 이렇게 이동하는 DNA는 트랜스포존(transposon: 轉移要素)이라고 불리게 되었다.

어느 DNA 부분에서나 이동할 수 있는 것은 아니며, 트랜스포존의 양 끝에는 일정한 염기 배열의 반복이 있다. 이 부분이 DNA에서 빠져나와 다른 DNA로 들어가는 원인이 되고 있다.

이런 염기 배열의 반복은 암세포화를 일으키는 바이러스의 유전자에도 존재하고 있다는 것이 판명되었다. 그러고 보면 본래 바이러스는 트랜스포존에서 유래하는 것이었는지도 모른다.

유전자 정보 발현의 스위치 구실

트랜스포존의 상세한 작용은 아직까지 충분히 밝혀지지 않았지만, 어쩌면 유전자 정보의 발현에 스위치 구실을 하는 것이 아닌가 기대하고 있다. 수정란의 발생과 더불어 세포수는 증가하고 분화가 일어나 각각 조직이나 기관을 형성해 간다. 그때 한정된 유전자의 세트가 활동한다. 트랜스포존이 그 세트의 스위치를 누르는 것이 아닐까 하는 가능성이다. 그렇다고 한다면 어떤 트랜스포존의 이동 개시야말로 분화의 방아쇠가 되는 셈이다.

옥수수 반점들의 유전이라고 하는 차분한 연구로부터 「이동하는 유전자」의 개념을 제창한 매클린토크는 현존하는 멘델이라고 일컬어야 할 존재일 것이다. 근대적인 기기라고는 일체 사용하지 않고 고전적인 수법으로써 자연의 비밀을 밝혀낸 것이다. 노벨상이 이 사람에게 주어진 것에 상쾌한 기쁨을 느낀 과학자가 많았다.

14장

면역유전자의 비밀

생명현상에는 불가사의한 일이 많다. 면역(免疫)도 그중의 하나이다. 이를테면 천연두의 예방을 위한 종두법종(種痘接種)이 있다. 일단 천연두바이러스의 단백질이 인체 안으로 주입되면 그것에 대한 항체(抗體)라고 하는 단백질이 형성된다. 나중에 바이러스가 침입해 오더라도 항체는 바이러스와 결합하고 거대(巨大) 백혈구가 몰려와서 이를 잡아먹어 버린다. 체내에 없는 단백질에 대해 항체가 만들어지는 현상이 면역이다.

체내에 없는 단백질은 무수하다. 그것들 하나하나에 대해서 항체가 만들어지는 것이므로 항체의 종류도 무수하다. 면역은 외적에 대한 방어수단으로서 극히 도움이 되고 있다. 그러나 어떻게 해서 면역이 일어나느냐고 하면 이것은 어려운 문제이다.

항체란 어떤 것인가?

항체를 만드는 세포는 골수(骨髓)에 있는 임파구(球)이다. 임파구는 이물(異物)단백질(항원이라 부른다)을 만나면 세포분열을 하여 항체를 만드는 항체생산세포가 된다. 임파구 한 개는 한 종류의 항원에만 반응한다. 따라서 한 종류의 항체를 만드는 세포는 한 개의 세포에서 유래한다. 그러고 보면 무수한 항원에 대응하는 임파구가 각각 존재해 있다고 봐야 된다. 더구나 그것들은 각각의 항체를 세포막 위에 미리 가지고 있어서 항

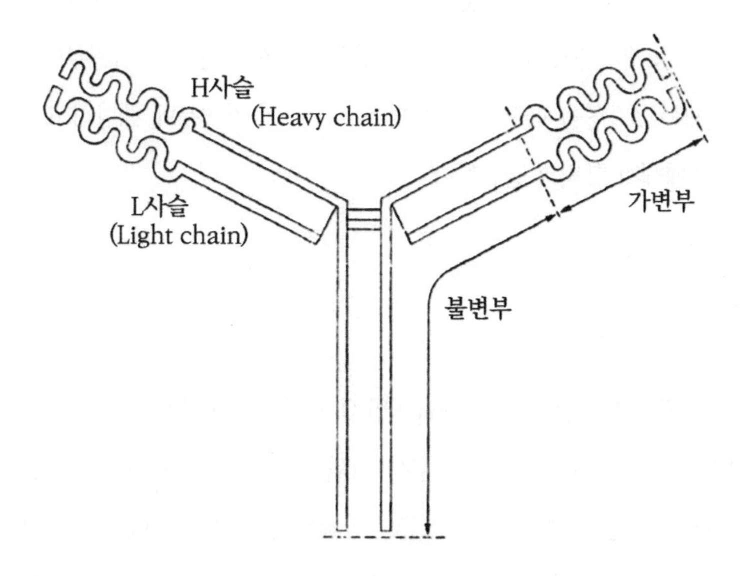

14-1 | 항체는 감마글로불린이라 불리는 성분 속에 함유되어 있는 분자량 15만의, 모두 같은 형태와 크기를 갖는 단백질이다. H사슬과 L사슬이라는 2종류의 분자 사슬이 Y자형으로 존재한다. 또 두 사슬은 항체의 종류에 따라서 아미노산 배열이 바뀌는 가변부와 바뀌지 않는 불변부로 이루어져 있다

원을 인식한다.

무수한 종류가 있는 항체는 혈액 속의 감마글로불린이라 불리는 성분 속에 함유되어 있으며, 비슷한 형태와 크기를 갖는 단백질이라는 것을 알았다.

분자량이 대충 15만이고 H사슬(5만), L사슬(2.5만)의 2개씩으로 되어 있다. 446개의 아미노산으로 구성되는 H사슬의 앞 끝에서부터 108개까지가 항체의 종류에 따라서 배열이 변화하여 가변부(可變部)라고 불린다. 나머지 338개는 모두 일정한 아미노산 배열을 가리키며 불변부(不變部)라고 불린다. 마찬가지로 L사슬의 214개 아미노산 중 108개가 가변부이고, 나머지 106개가 불변부이다. 항체가 항원과 결합하는 것은 가변부이다.

항체는 Y자형을 하고 있으며 벌어진 부분이 가변부에 해당하고 경첩처럼 개폐해서 항원과 결합한다.

모노클론 항체

최근에는 모노클론(monoclone) 항체가 의학에서 중요한 역할을 하게 되었다. 이것은 엄밀하게 한 종류의 항원에 반응하는 항체를 말한다. 암세포 특유의 단백질에 대한 모노클론 항체를 만들어, 이것에 암세포의 분열을 멎게 하는 약제를 결합해서 암을 퇴치하는 미사일(missile) 요법을 개발 중에 있다.

모노클론 항체는 어떻게 하면 만들어질까? 여기에는 일본 오사카 대

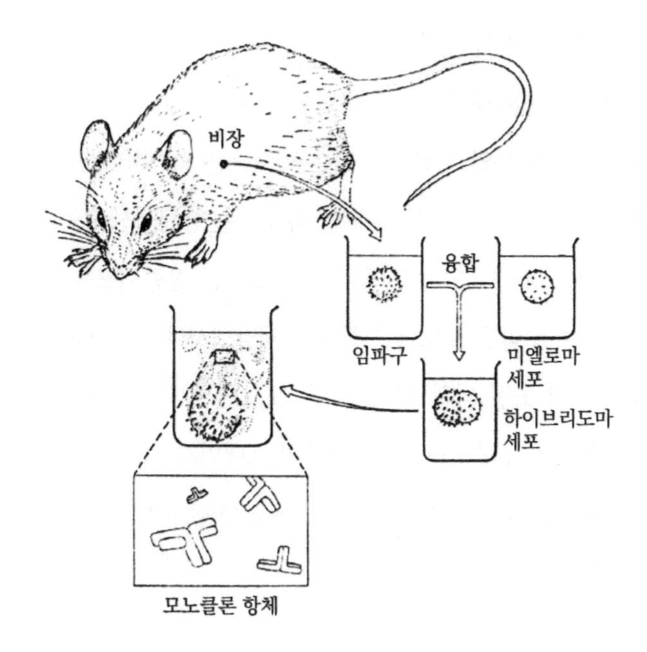

14-2 | 모노클론 항체의 작성법. 항체생산세포를 생쥐의 비장에서 추출하여 이것을 암세포화한 미엘로마세포와 융합시키면 잡종세포(하이브리도마세포)라는 것이 인공적으로 만들어진다. 이것을 배양하면 암세포가 계속적으로 증식하고 동시에 항체도 생산되어 세포 바깥으로 방출된다. 이것이 모노클론 항체이다

학의 오카다 요시오 박사가 1958년에 발견한 세포융합법(細胞融合法)이 적용되고 있다. 세포에 어떤 종류의 바이러스나 약제를 가하면 세포막이 융합해서 합체해 버린다. 한 개의 항체생산세포를 생쥐의 비장(脾臟)에서 골라내 임파성암의 미엘로마(myeloma) 세포와 융합시켜서 잡종세포를 인공적으로 만들어 배양한다.

그러면 암세포는 자꾸 증식을 계속하는 한편 항체를 생산하여 세포 밖

으로 방출한다. 따라서 배양액은 한 종류의 항체를 다량으로 함유하게 된다. 이것이 모노클론 항체의 제조방법이다.

본래 클론이란 동일 유전자를 갖는 세포군을 의미한다. 모노클론 항체를 얻기 위해서는 수많은 세포로부터 목표하는 항체생산세포를 선별하는 조작이 어렵다. 그러나 일단 만들어지면 그 후는 잡종세포를 배양하는 노고뿐이다. 이미 수많은 모노클론 항체가 제약회사에서 발매되고 있다.

1984년도의 노벨 의학·생리학상은 모노클론 항체를 1975년에 처음으로 만든 쾰러(G. J. F. Köhler: 서독)와 밀스테인(C. Milstein: 아르헨티나)과 항체 생산 이론을 수립한 예르네(N. K. Jerne: 영국)에게 주어졌다.

항체유전자의 불가사의

분자생물학은 유전자의 유전 정보가 단백질의 아미노산 배열을 규정한다고 설명하고 있다. 그렇다면 무수한 항체 분자에 대응하는 유전자가 무수히 존재한다는 것이 된다. 이것은 있을 수 없는 일이다.

이 난문에 해답을 준 것은 두 사람의 일본인 학자였다. 둘 다 일본 교토 대학 출신으로, 미국에서 연구할 기회를 가졌는데, 한 사람은 스위스의 바젤 면역학연구소에서, 또 한 사람은 일본으로 귀국하여 연구를 꽃피웠다. 전자는 도네가와 스스무 박사(미국 매사추세츠 공과대학 교수), 후자는 혼조 다스쿠 박사(교토 대학 교수)이다.

그들은 1976년부터 면역유전자의 재편성이 임파세포의 성숙과정에

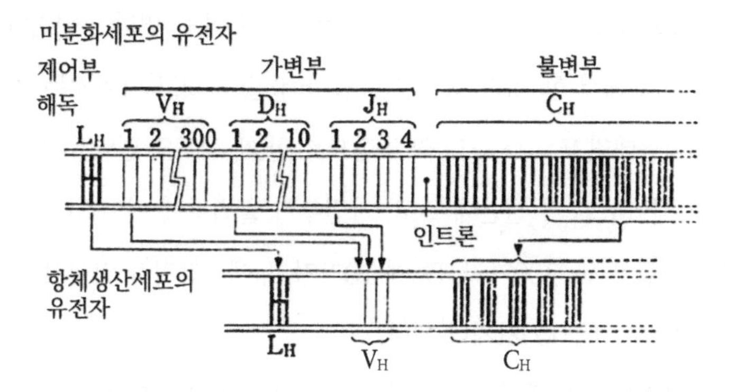

14-3 | 마우스 임파구의 미분화세포의 유전자는 위 그림처럼 되어 있는데 문제는 가변부의 3부역(部域) 유전 정보 부분(엑손)이 정보에 관여하지 않는 부분(인트론)에 끼어서 존재하고 있다는 점이다. V_H에는 엑손이 300개, D_H에는 10개, J_H에는 4개가 있다. 이들 하나씩의 조합으로부터 항체생산세포의 유전자가 만들어지므로, 조합은 12,000가지가 된다. 이것은 H사슬의 경우이고 L사슬은 1,200가지. 따라서 H사슬과 L사슬 한 쌍의 조합은 1,000만 가지 이상이 가능해진다

서 일어난다는 것을 실증했다. 즉 유전자 재조합이 생체 내에 생겨 그 결과로서 다른 유전자를 갖는 세포군이 형성되는 셈이다.

미분화세포의 면역유전자는 항체를 만들고 있는 세포의 유전자에 비하여 크기가 훨씬 크다. 항체의 H사슬에 대응하는 유전자는 일직선상으로 읽어서 제어부(L_H), 가변부(V_H, D_H, J_H), 불변부(C_H)로 이어져 있다. 각 부역(部域) 사이에는 정보에 관여하지 않는 부분(인트론)이 개재해 있다.

문제는 가변부의 3부역 V_H, D_H, J_H에 많은 유전 정보 부분(엑손)이 인트론에 끼어서 존재해 있다는 점이다. V_H에서는 엑손을 실제로 300개나 볼 수 있다. D_H에는 10개, J_H에는 4개가 있다. 미분화임파세포가 성숙해

서 항체생산세포로 되어 가는 사이에 면역유전자에 큰 변화가 생긴다.

각 가변부에서 한 개의 엑손만이 남아서 줄을 짓고 나머지는 없어져 버린다. 이를테면 V_{H1}, D_{H1}, J_{H1}의 조합으로 한 개 세포의 면역유전자가 된다. 물론 제어부 L_H가 선단에 있고, 가변부가 불변부에 이어진다. 가변부의 엑손 조합은 V_H 300가지, D_H에 10가지, J_H에 4가지가 있어서 전체의 조합 가능 수는 12,000가지나 된다.

항체의 L사슬에 대해서도 마찬가지의 유전자 재조합이 세포분화 때 일어난다. 다만 L사슬에서는 D_L 부분이 없으므로 V_L, J_L의 재결합으로 1,200가지의 조합이 가능하다. H사슬과 L사슬 한 쌍의 조합으로부터 1,000만 이상의 종류가 만들어지게 된다. 또 V-D와 D-J 연결 때의 변화를 고려한다면 항체유전자의 종류는 1억 이상에 이른다고 한다.

항체의 유전자 재조합은 불변부에서도 일어난다. H사슬의 유전자 C_H에는 미분화세포에 8개의 엑손이 있는데 그중 2개가 소실되어 6개가 되어 버린다.

항체생산세포와 유전자의 진화

면역유전자의 변화는 훌륭하게 항체 생산의 불가사의를 해결했다. 도네가와, 혼조 두 박사는 가까운 장래에 빛나는 노벨 의학·생리학상을 받

게 될 것이다.[1]

한 개체 속에서 모든 세포 안의 유전자는 일정하다는 것이 통설(通說)이었다. 물론 난자나 정자에서는 체세포의 두 벌의 염색체 중에서 한 벌밖에 유전자를 갖고 있지 않다. 그런데 항체생산세포의 면역유전자는 분화 때 세포마다에서 유전자의 조성(組成)이 달라져 버린다. 각 엑손을 절단하여 한 개씩을 연결하는 기구는 어떻게 이루어지는 것일까? 착오가 없게끔 어떻게 제어되고 있을까 하는 새로운 의문이 생긴다.

분자생물학자가 각종 효소의 이용이나 DNA, RNA의 잡종화 등 연구를 거듭하여 유전자를 재조합하는 유전자공학이 실현화된 것은 불과 몇 해 전의 일이다. 그 유전자공학과 같은 일이 항체생산세포에서는 자연으로 이루어져 오고 있었던 것이다. 유전자의 진화에 이 자연의 재결합이 기여해 왔던 것이라고 생각된다.

여기서 간과해서 안 될 점은 항체의 구조와 항원물질과의 반응의 특이성이다. 항원은 대부분이 자기의 것이 아닌 단백질이다. 그러므로 세포는 자기가 만드는 단백질 이외의 거의 모든 것에 반응하는 항체를 미리 준비하고 있는 것이다. 정말로 불가사의하다고밖에는 할 말이 없다. 이는 약 30억 년에 걸친 생물의 진화과정과 관련되어 있을 것 같은 생각이 든다.

---

1 편주: 도네가와 스스무는 1987년, 혼조 다스쿠는 2018년 노벨 의학·생리학상을 수상하였다.

15장

유전자의 진화

최초의 생물은 세균에 가까운 형태의 것이었음에 틀림없다. 유전에 관여하는 DNA는 벌거숭이 상태로 세포 안에 고리 모양을 이루고 있었던 것이라고 생각된다. 세균의 DNA는 길이 약 1μm(1,000분의 1㎜)이고 약 400만 개의 뉴클레오티드로 구성되어 있다.

원생생물(原生生物)이라고 불리는 짚신벌레나 아메바를 보면, 세포 한 개로 생활하고 있다는 점에서는 세균과 같지만 DNA는 세포핵 속에 차곡차곡 접혀서 존재한다.

세포핵을 갖는 생물은 진핵생물이라 불리고, 이것과 관련한 바이러스나 세균은 원핵생물이라 불린다.

미토콘드리아는 공생세균

진핵생물의 세포에는 미토콘드리아라는 작은 세포 내 기관이 많이 있다. 이것은 세포 안의 발전소라고 할 수 있는 에너지 공장으로서, 당 등을 분해하여 ATP(아데노신3인산)를 만든다. 이 미토콘드리아 속에 환상의 DNA가 한 개 있다. 미토콘드리아는 크기가 1μm 정도의 작은 입자로 거의 세균만 한 크기에 해당한다. 그렇다면 미토콘드리아는 자기 복제를 하는 세균이었는지도 모른다. 최근에 미토콘드리아의 DNA 염기 배열이 밝혀졌다(1981년). 사람의 미토콘드리아 DNA는 길이가 5μm으로, 16,569개의 뉴클레오티드로 구성되어 있다. 이 DNA에는 미토콘드리아의 기능

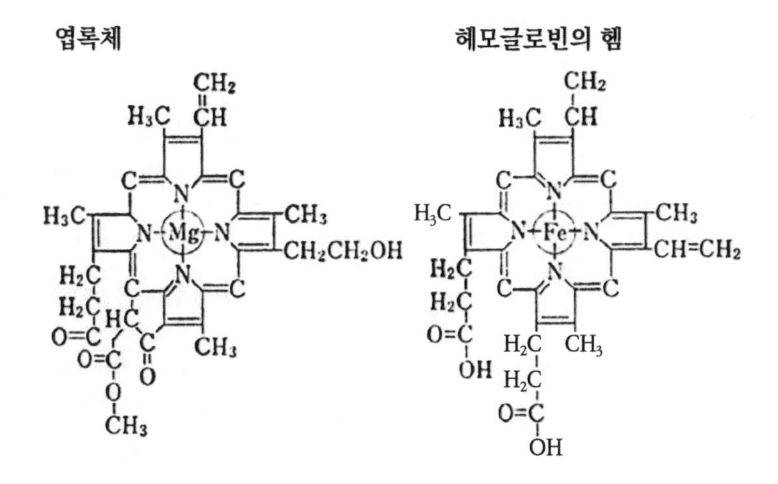

15-1 | 엽록체와 헤모글로빈의 헴 부분은 분자 모양이 아주 흡사하다. 중앙의 Mg나 Fe를 제외한 부분을 포르피린(porphyrin)이라고 한다. 포르피린은 생명이 진화해 온 아주 이른 시기에 자연계에서 만들어졌고, 생명이 이것을 이용하면서 진화한 것으로 생각된다

에 관계된 몇 개의 효소와 단백질합성에 필요한 전이 RNA의 유전자가 배열되어 있다. 이것은 미토콘드리아의 적어도 일부가 세포핵의 유전 정보에 의존하지 않고 독자적으로 만들어진다는 것을 가리킨다.

더욱 중요한 발견은 미토콘드리아의 DNA 유전암호 일부가, 지금까지 생물 모두에 공통이라고 보고 있었던 것과는 다르다는 점이다. 미토콘드리아는 AGA와 AGG를 보통의 아르기닌의 암호로서가 아니라 정지 신호라고 해독한다. 또 AUA는 이소로이신이 아니라 메티오닌으로 읽는다. 또 AUA와 AUU는 AUG 대신 개시 신호로 되어 있다.

도대체 이 유전암호의 차이는 어떻게 해석해야 할까? 원시생물 시대의 유전암호에 가까운 것을 가진 미토콘드리아 세균이 원시세포 안에 침

15-2 | 원핵세포와 진핵세포의 차이

	원핵세포	진핵세포
세포의 크기	작다. 지름 1~10㎜	크다. 지름 10~100㎜
대사와 광합성	일반적으로 혐기적(嫌氣的)	호기적(好氣的)
증식	무사(無絲)분열	유사(有絲)분열 감수분열도 한다.
세포핵	환상 DNA이며 핵막, 히스톤이 없다.	핵막에 감싸인 핵 속에서 DNA가 히스톤과 결합해 있다.
리보솜	70S 소립(小粒)(S는 원심력 아래서의 침강 속도 상수)	80S 소립
미토콘드리아, 엽록체	없다. 세포막에 호흡계가 있다.	미토콘드리아, 엽록체가 있고 고유의 환상 DNA와 리보솜(70S 소립)을 갖는다.

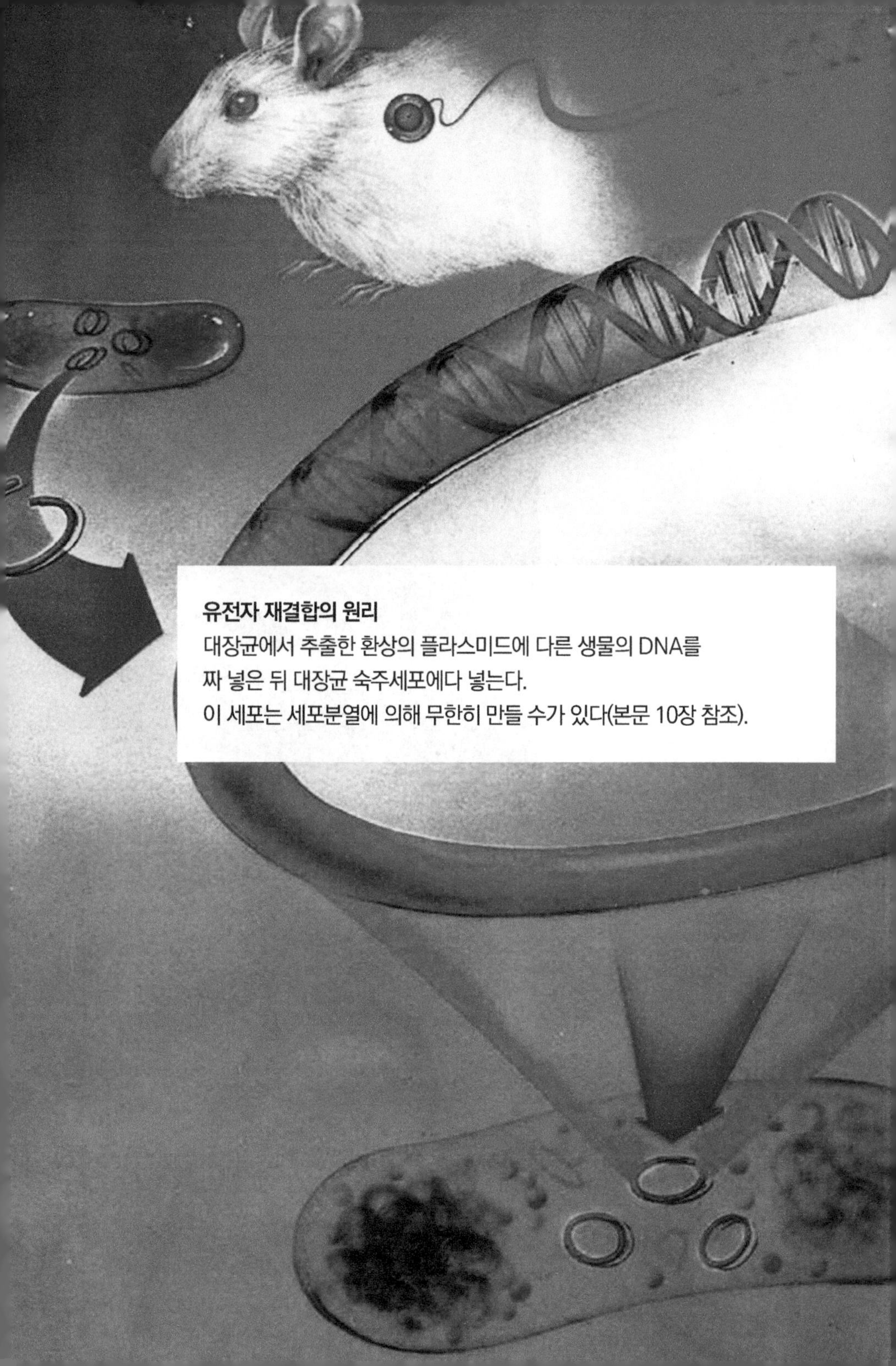

유전자 재결합의 원리

대장균에서 추출한 환상의 플라스미드에 다른 생물의 DNA를
짜 넣은 뒤 대장균 숙주세포에다 넣는다.
이 세포는 세포분열에 의해 무한히 만들 수가 있다(본문 10장 참조).

분자진화에서 본 계통수
갖가지 생물의 단백질 아미노산 배열의 차이를 조사해 봄으로써 생물의 진화를 더듬을 수가 있다(본문 5장 참조).

염색체 속의 DNA

DNA는 뉴클레오솜, 솔레노이드, 슈퍼솔레노이드로 겹겹이 나선 모양으로 감겨 붙고 압축되어 염색체를 형성한다(본문 15장 참조).

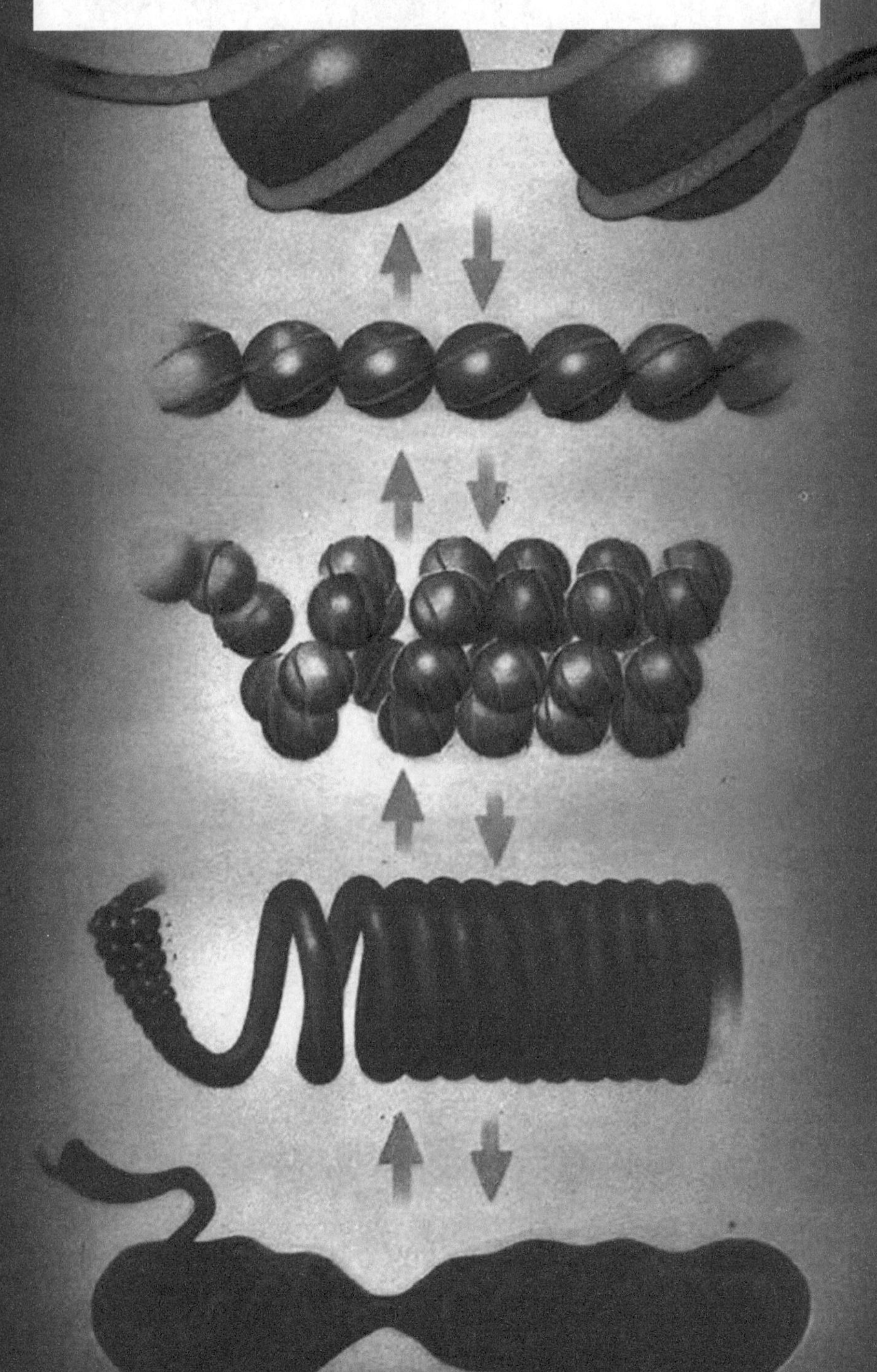

입하여 공생을 시작하여 조상의 암호를 줄곧 유지해 온 것은 아닐지.

식물세포에서 볼 수 있는 엽록체에도 환상 DNA가 있는데, 이것도 원시 광합성세균의 흔적인 것일까? 여러 가지 동식물의 미토콘드리아와 엽록체의 유전암호가 조사되면 암호의 원시형(原始型)과 진화에 대해 논할 수 있게 될 것이다.

엑손과 인트론

바이러스나 대장균을 사용한 분자유전학은 DNA 위의 유전자가 한 줄의 암호로 구성되어, 단백질에 대응한다는 것을 밝혔다. 그런데 진핵세포 유전자의 연구가 진보함에 따라서, 단백질의 정보를 제공하는 DNA부(部)가 무의미한 뉴클레오티드 배열 부분으로 군데군데 분획(分劃)되어 있다는 것을 알았다.

전자는 엑손(구조유전자 배열), 후자는 인트론(개재배열: 介在配列)이라고 불린다. 전령 RNA가 만들어질 때 인트론 부분은 절단 제거되고 엑손 부분만 연결된다.

사람의 세포핵 속 DNA 총량은 30억 쌍의 뉴클레오티드로 구성되고, 한 유전자의 평균 크기를 2,000 염기쌍이라고 하면, 150만 유전자가 있는 셈이 된다. 사람의 유전자수는 고작 5만 개로 어림되므로 전체 DNA의 5% 이하밖에 되지 않는다. 즉 사람의 DNA의 9할 이상은 단백질에 직접적으로 관계가 없다.

참고로 말하면 대장균의 DNA는 400만 쌍의 염기로 구성되고, 약 5,000개의 유전자가 있는 것으로 생각되며, 이미 650개의 유전자가 고정되어 있다.

유전자의 진화과정에서 먼저 유전자가 중복되면서 DNA의 양이 증가하고, 돌연변이가 다양성을 가져왔을 것이다. 그리고 인트론의 존재가 변화의 다양성에 관여한 것이 아닐까 하는 견해도 많다.

이를테면 면역유전자의 세포 분화에 따르는 다양화는 인트론의 존재를 빼고서는 성립되지 않는다(제14장 참조). 그리고 유전 정보 발현의 조절 부분이 대단히 길게 되어 있다는 것도 판명되었다.

염색체의 DNA 구조

세균의 DNA는 환상으로 루프가 차곡차곡 쌓여 있을 뿐이지만, 진핵세포에서는 세포핵 안의 염색체 속에 접혀 들어가 있다. 사람의 염색체는 22벌의 상염색체(常染色體)와 2개의 성염색체(性染色體)로서 구성된다. 길이 1μm의 상염색체 속의 DNA를 길게 늘이면 8㎝가 된다고 한다. 이것을 1만 분의 1 정도로 차곡차곡 겹쳐 넣으면 어떻게 될까?

DNA의 이중나선은 히스톤(histone)이라고 하는 단백질에 감겨붙어서 지름 0.01μm의 공모양(球狀)으로 된다. 이것은 뉴클레오솜이라 불리는데 뉴클레오솜은 0.07μm의 DNA가 둘러싸고 있다. 이 구가 6개 배열하여 나선 모양으로 연결된다(solenoide). 지름 0.03μm의 솔레노이드가 나선 모양으로 감겨서 지름 0.4μm의 슈퍼솔레노이드가 된다.

이것이 느슨하게 감겨서 염색체가 된다. DNA가 뉴클레오솜이 될 때 7분의 1, 솔레노이드에서 6분의 1, 슈퍼솔레노이드에서 40분의 1, 그리고 염색체에서 5분의 1로 압축된다. 그 결과 8,400분의 1로 압축된다.

이처럼 빽빽하게 겹쳐진 DNA의 일정 부분이 풀리고, RNA 폴리메라제(polymelase)에 의해 정보 전달이 정확하게 이루어지고 있는 것에 대해서는 탄복할 수밖에 없다.

분자진화

인간의 적혈구에 해당하는 헤모글로빈이라는 산소결합 단백질은 많은 동물에서 볼 수 있다. 이 단백질의 아미노산 배열을 조사해 보면 사람과 고릴라는 한 군데에서만 다르고, 벵골원숭이와는 4군데, 말과는 18군데가 다르다. 사람과 잉어에서는 68군데나 다르다. 이 차이는 DNA 염기배열의 차이 때문이며 거의 염기의 배열치환에 의한 것이다.

미국의 폴링(L. C. Pauling)은 돌연변이가 DNA 위에서 일어나는 확률을 계산해 보았다. 헤모글로빈의 α사슬은 141개의 아미노산으로 구성되어 있다. 사람과 말은 8천만 년 전에 진화의 길이 갈라져 나간 것이라고 화석의 연구를 통해 알려졌다.

그렇다면 18군데의 아미노산의 차이가 일어나는 것으로부터 한 개당의 치환율은 다음 식으로써 계산된다.

$$18 / 141 \div (8 \times 10^{7}) \div 2 = 0.8 \times 10^{-9} /\text{년}$$

2로 나누는 것은 사람과 말이 갈라진 후 두 진화의 길에서 각각 같은 비율로 변화가 일어난다고 가정한 것이다. 그 결과 한 개의 아미노산의 변화는 10억 년에 한 번꼴로 일어났다는 것이 된다.

많은 단백질에 대해 조사해 본 결과 이 변화율은 거의 일정하다는 것을 알았다. 그렇다면 반대로 단백질의 아미노산 배열의 차이로부터 생물의 진화를 더듬을 수 있다. 이렇게 만들어진 생물의 진화과정은 화석 등의 증거로부터 생각되고 있는 계통수(系統樹)와 잘 일치하고 있다.

이와 같은 관점에서 본 진화를 분자진화(分子進化)라고 부른다. 분자진화에서 보면 지금까지 대장균보다 원시적이라고 여기고 있던, 메탄가스를 발생하는 고초균(枯草菌: meta 세균)이 차라리 진핵세포에 가깝고, 15억 년 전에 갈라져 나간 것이라고 보게 되었다. 고초균과 대장균의 분기는 18억 년 전이라고 한다.

이 분자진화의 데이터를 바탕으로 일본 국립유전학연구소의 기무라 박사는 1968년에 중립진화설(中立進化說)을 제창했다. 분자 수준에서의 진화는 자연선택에 유리하고 불리하고를 가리지 않고 모두에게 무차별적으로 일어난다고 하는 생각이다. 그 확률은 10억 년에 한 번 아미노산 치환에 해당한다.

이 주장은 처음에는 자연선택설(自然選擇說)로 기울어지는 구미 학자의 반대를 받았으나 차츰 받아들여지기에 이르렀다.

16장

사람은 어떻게 진화했는가?

우리의 근본 조상은 어떤 것이었을까? 침팬지와 고릴라에 가까운 원숭이였을까? 인간의 유래는 다윈(C. Darwin)의 질문 이래 수수께끼에 싸여 있다.

인류의 진화과정

진화의 과정은 발굴된 화석의 형태를 비교하면서 그 연대를 측정해서 추정하고 있다. 현대인의 직접 조상은 약 3만 년 전의 크로마뇽인(cromagnon Man), 20만 년 전의 네안데르탈인(Neanderthal Man), 100만 년 전의 호모에레크투스(Homo erectus: 直立原人 北京原人 등)라고 한다.

최근 아프리카의 화석에 의하면, 약 200만 년 전에 연장(道具)을 썼다고 추정되는 호모하빌리스(Homo habilis)가 가장 오랜 화석원인(化石原人)이다. 그리고 500만 년 전의 오스트랄로피테쿠스(Australopithecus)와 1000만 년 전의 라마피테쿠스(Ramapithecus)가 그 조상인 것으로 보고 있다. 그렇다면 사람과 유인원(類人猿)은 그 이전에 갈라졌다는 것이 된다.

16-1 | 사람의 직접 조상, 베이징(北京) 원인

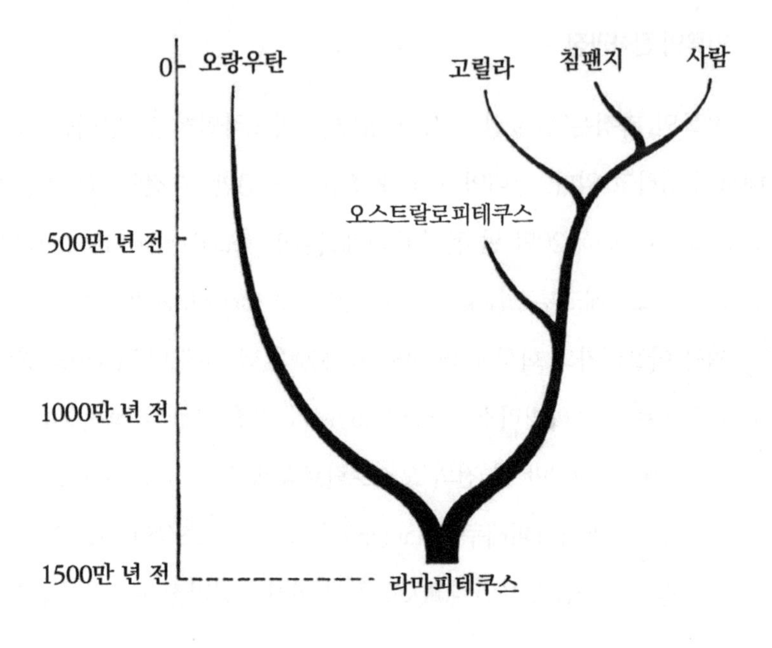

16-2 | 사람의 진화과정

1967년에 미국의 새리치(V. Sarich)와 윌슨(A. Wilson)은 사람과 고릴라와 침팬지에서 혈액에 함유되는 알부민이라는 단백질을 자세히 비교 분석하여, 사람과 유인원은 500만 년 전에 갈라졌다는 결론에 도달했다. 그것은 오스트랄로피테쿠스가 있었던 시대에 해당하기 때문에 화석인류학(化石人類學)으로부터 강력히 부정되고 말았다.

그리고 얼마 후에 일본의 기무라 박사의 중립진화설이 제출되어, DNA 수준의 돌연변이는 일정한 속도로 무차별하게 생긴다는 것이 밝혀졌다. 따라서 DNA의 염기 배열의 차이를 조사하면 근연(近緣) 관계를 알 수 있는 셈이다. DNA의 염기 배열은 생물의 진화를 새겨놓은 체내의 분자시계(分子時計)인 것이다.

윌슨은 DNA 정보를 바탕으로 만들어진 단백질의 아미노산 배열에 착안하여 사람과 침팬지의 차는 극히 근소한 것이라는 것을 제시했다(1975년). 즉 13종류 단백질의 2,633개 아미노산 배열에서 다르게 되어 있는 것은 불과 19개였다. 99.28%가 동일한 것이다. 이 결과는 역시 사람과 침팬지가 450만 년 전에 갈라졌다는 것을 가리키는 것이었다.

DNA의 분자진화

최근의 DNA 염기 배열에 대한 연구는 눈부신 진보를 하고 있다. 1981년에는 영국의 생어 그룹이 사람의 미토콘드리아의 전체 DNA 배열 16,569개를 결정했다. 일본의 통계수리(統計數理)연구소의 하세가와 박사 등은 유인원의 미토콘드리아 염기 배열 896개의 데이터를 비교하여 새로운 결과를 얻었다(1984년).

DNA의 염기 배열을 직접 비교해 보면, 단백질의 아미노산 배열에 나타나지 않는 변이(變異)까지도 구별할 수가 있다. 그것은 유전자 암호 3조(組)에서 세 번째가 변화하더라도 아미노산 수준에서는 같은 것이 상당히 있기 때문이다.

하세가와의 추정에 따르면, 사람과 침팬지가 갈라져 나간 것은 270~410만 년 전이다. 이것은 소와 영장류와의 분기점을 9000만 년 전이라고 가정한 것을 바탕으로 추정한 일이다.

이와 관련해서 훨씬 뒤라고 하는 설도 있지만, 6500만 년 전이라고 하면, 사람은 190~300만 년 전에 침팬지와 갈라진 것이 된다. 새리치와 윌슨의 500만 년 설보다 더 뒤진 연대이다. 고릴라와 갈라진 것은 390만~590만 년 전이고, 오랑우탄과는 940만~1360만 년 전에 갈라진 것이 된다.

DNA의 분자진화에서 보면, 사람과 침팬지의 분기점은 300만~400만 년 전이 되어 화석 인류학의 정설(定說)과는 정면으로 대립된다. 오스트랄로피테쿠스(약 500만 년 전)는 사람의 조상이 아니라고 하게 된다. 하물며 1000만 년 전의 라마피테쿠스는 직접 조상일 수가 없다. 하기야 화석학자도 라마피테쿠스의 형태는 사람보다는 오랑우탄에 가깝다는 것을 인정하고 있다.

사람의 진화과정은 다음과 같이 된다. 약 1400만 년 전에 라마피테쿠스로부터 오랑우탄으로의 길과 갈라져서 600만 년 전에 오스트랄로피테쿠스, 400만 년 전에 고릴라, 300만 년 전에 침팬지로 각각 갈라져 나갔다. 그리고 호모하빌리스, 호모에렉투스, 호모사피엔스(Homo Sapience)로 진화한 것이 된다. 호모하빌리스의 단계까지는 중앙아프리카에서 진화가 일어난 것으로 생각된다.

17장

바이오테크놀로지의 현재와 장래

효모에 의한 알코올 발효를 비롯하여 된장, 간장, 김치, 치즈, 항생물질의 생산에 미생물이 사용되어 왔는데 이들도 바이오테크놀로지(biotechnology)임이 틀림없다. 그러나 뭐니 뭐니 해도 유전자공학이 가능해지고 그것에 세포공학(細胞工學)이 더해져서 오늘날의 바이오테크놀로지가 탄생한 것이다.

지금까지는 생각할 수조차 없었던 일들—세균이나 효모를 통해 인간의 물질을 만들게 하는 일이나, 인공적인 잡종세포를 유리그릇 안에서 배양하는 일 등이 실현되어 갖가지로 응용함으로써 큰 이용가치를 기대할 수 있게 되었다.

세균에 인간의 단백질을 만들게 한다

유전자공학의 첫 성공은 인간의 췌장 호르몬인 인슐린의 유전자를 대장균에 이식하여 인슐린을 합성한 일이었다(1978년). 유전자공학의 기업체인 제넨텍사(샌프란시스코)의 기술을 도입한 이라이 리리 제약회사는 상품화에 성공하여 1982년에는 발매허가를 얻었다.

세균제 인슐린은 당뇨병 환자에게 효과가 있어 머지않아 시판될 것으로 생각된다. 현재까지는 돼지의 췌장에서 추출하여 정제한 인슐린이 쓰이고 있다.

바이러스의 증식을 저지하는 인터페론(interferon)도 대장균으로 만들 수 있게 되었다. 인터페론은 인슐린과는 달리 인간의 세포를 배양해서 추출해야 했는데, 제대로 된 것을 얻기가 곤란했다. 따라서 유전공학으로 인해 비로소 대량생산이 가능해졌다.

인터페론은 암에 효과가 있을 것이라고 기대했으나, 확실히 피부암 등 일부에는 듣지만 위암이나 폐암에서는 아직 치료 효과가 제시되지 않았다. 또 소인증(小人症)에 탁월한 효과를 보이는 성장호르몬도 대장균으로 만들 수 있게 되어 환자에게 기쁜 소식을 가져다주었다. 지금까지 사자(死者)의 뇌하수체에서 극히 미량으로 추출되었을 뿐 수요를 따라가지 못했었기 때문이다.

앞으로 호르몬이나 그 밖의 단백질에서 쉽게 얻을 수 없는 것들이 속속 대장균으로부터 만들어져서 치료약으로 쓰일 것이다. 원리적으로는 어떤 유전자도 단리(單離)해서 대장균에 넣을 수 있다. 다만 문제는 대장균의 단백질이 조금이라도 섞여들면 생산물은 반복해서 인체에 주입되는 동안에 항원을 만들게 해서 쇼크사를 일으킬 위험성이 있다.

인간의 유전자를 조작

1982년에 흰쥐의 성장호르몬 유전자를 작은 생쥐에 이식해서 체중이 2배나 되는 슈퍼마우스가 탄생했다는 것은 앞에서 언급했다(제11장 참조). 이것은 수정란에 유전자를 넣은 뒤 자궁 안으로 되돌려서 생육시킴으로써 이루어졌다. 생쥐의 체내에서 흰쥐의 유전자의 산물(성장호르몬)이 작용한 결과 거대한 마우스가 탄생한 것이다.

그렇다면 인간의 유전자를 생쥐 등에 넣는 것도 가능한 셈이다. 사실 사람의 신경호르몬 일종의 유전자를 생쥐에 도입하는 실험이 일본의 미쯔비시화성(三菱化成) 생명과학연구소에서 성공하고 있다. 이런 종류의 실험은 빈혈증 등의 유전적인 질병의 완치에 희망을 안겨주는 것이다.

이미 체외수정(體外受精)을 시킨 수정란을 자궁에 넣어서 발육시키는 것은 실제로 행해지고 있다. 그 수정란에 결손된 유전자를 넣는 조작이 가해지면 되는 것이다. 생쥐나 흰쥐에서 충분한 연구가 된 뒤에 진행 신호가 내려질 가능성이 있다.

다른 유전자를 넣는다는 복잡한 조작보다도 훨씬 가망성이 있는 것은 휴면 상태에 있는 유전자의 활성화이다. 인간의 유전자에는 같은 것이 많이 있는 경우가 있다. 어쩌다가 나쁜 유전자만 작용하여 그 결과로 질병이 되는 수가 있다.

지중해성(地中海性) 빈혈증이라는 병의 환자에게 어떤 종류의 약품을 주었더니 정상적 혈구가 불어 나서 나왔다고 한다. 이것은 휴면 중인 정상유전자를 활성화했기 때문이다. 이와 같은 접근은 매우 유망한 것이지만, 터무니없는 엉뚱한 유전자가 활성화될 위험성도 있다.

식물의 유전자공학

꽃가게에서 심비디움(Cymbidium)이나 카틀레야(Cattleya)와 같은 비싼 난초를 웬만한 값으로 살 수 있게 된 것은 클론(동일 유전자를 갖는 무리) 재배 덕분이다. 이것은 줄기의 정단(頂端) 세포를 시험관 속에서 배양하여 그 세포의 덩어리로부터 많은 식물을 키우는 방법이다. 이 방법은 좋은 품종의 같은 개체를 수천, 수만으로 만들어 내기 때문에 귀중한 품종이 아니게 된다. 일본의 히로시마 대학에서 1983년에 일년초(一年草)인 식물에서도 이 방법이 확립되어 약용식물 등의 대량재배가 기대되고 있다.

식물에 유전자공학을 응용하는 것으로서 가장 관심을 모으고 있는 것은 비료가 필요하지 않은 벼나 보리이다. 콩과식물은 뿌리에 공생하는 근립세균(根粒細菌)이 공기 속의 질소가스를 생물이 이용할 수 있는 질소화합물로 바꾸는 효소계를 가졌으므로 비료가 필요 없다.

미국의 연구자들은 1983년 1월에 이 세균의 유전자를 식물세포에 넣는 데 성공했다. 여러 가지 재배식물에 응용하여 클론화한다면 농업에 커다란 혁명을 일으키게 될 것이다.

남녀 가려 낳기

남자와 여자의 차이는 X염색체를 갖는 정자와 Y염색체를 갖는 정자의 차이로 결정된다. 난자 쪽은 모두 X염색체를 가졌으며, Y염색체의 정자를 수정하면 남자가 될 운명을 지닌다. 그래서 X와 Y염색체의 정자를 분리할 수만 있다면 남녀를 가려 낳을 수가 있게 된다.

그것을 현실화한 것은, 1983년 4월에 발표된 일본의 도쿄 대학, 게이오 대학, 도쿄 의과대학의 치과대학팀이 전기 영동법(電氣泳動法)으로 분리하고부터이다. 이 팀은 X와 Y염색체를 갖는 정자 표면의 매우 근소한 전하차(電荷差)를 이용하여, 산채로 전압을 걸어서 양자를 분리하는 데 성공했다. 또 게이오 대학 그룹은 근소한 비중차(比重差)를 이용해서 원심법으로 두 염색체를 분리하는 시험에 착수하고 있다(1985년).

시험관 내 수정과 수정란을 발육하게 하는 기술은 이미 확립되어 있다. 게다가 남녀를 가려 낳는다는 꿈이 실현될 전망이 선 것이다. 물론 X와 Y염색체의 정자를 분리할 때, 조금이라도 정자를 다치게 하는 일이 있어서는 안 된다. 이 점의 확인이 첫째이다. 또 유전자공학의 실험과 마찬가지로 사회윤리상의 문제가 생기고 있어, 신중한 취급이 필요하다.

그러나 남녀를 가려 낳는 세포공학은 가축에게는 매우 쓸모가 있다. 젖소 등에서 백발백중 암컷이 생산된다면 유익하기 때문이다. 게다가 정자를 장기 간에 걸쳐 보존하는 방법도 개발되고 있다.

에너지 문제 해결

석유가 가까운 장래에 고갈되리라는 것은 누구나가 알고 있다. 그러므로 원자력 에너지 이용의 개발이 강조되고, 그 안전성을 둘러싼 문제가 절실해지고 있다.

손쉬운 석유의 대용품은 알코올이다. 효율은 다소 나쁘지만 대량 생산이라는 전망이 있다. 바이오리액터(bioreactor: 생물반응기)는 원통 모양의 용기에 살아 있는 효모를 입자 상태로 고정하고, 위에서부터 포도당을 흘려보내서 발효하게 하여 아래에서 알코올을 얻는 장치이다.

새로운 미래의 에너지원은 수소가스일 것이다. 식물 잎이 태양에너지를 이용할 수 있는 것은, 물을 수소와 산소로 분해하는 기구에 의한다. 이것을 바이오리액터로 가능하게 해서, 발생한 수소가스를 연소시키면 에너지를 얻는 방법이 된다. 이를 위해 유기화합물을 촉매로 써서 인공 잎사귀를 만드는 시도가 이루어지고 있다.

일본의 바이오테크놀로지

1985년 현재, 500개사 이상의 기업이 유전자공학을 비롯한 바이오테크놀로지 개발에 참여하고 있다.

현재로서 일본은 아직 미국과 큰 격차가 있다. 그러나 일렉트로닉스나 컴퓨터와 마찬가지로 제품의 개량, 대량 생산화에서 일본은 뛰어나므로, 머지않아 따라잡고 추월할 수 있을 것이다. 특히 일본은 전통적으로 발효 기술에서 세계 제일이며, 또 항생물질의 생산기술도 뛰어나므로, 그러는 동안에 저력을 발휘할 수 있을 것으로 기대된다. 일본에서도 β인터페론이 피부암의 「악성 흑색종양」과 뇌종양의 「교아종(膠芽腫)」 치료약으로 제조가 인가되기에 이르렀다(1985년).

생명공학(바이오테크놀로지)에서는 아직도 모르는 것이 많은 생명과학을 토대로 하고 있으므로, 예상을 초월하는 곤란한 상황에 부딪히는 일도 있으리라고 생각된다. 따라서 무조건 낙관적인 미래라고 말할 수는 없다. 그러나 그러한 만큼 노력하는 보람도 있다고 하겠다.

분자생물학을 이해하기 위한 용어

기질(基質): 효소의 작용을 받는 물질을 말한다. 이를테면 유당(젖당)이 갈락토시다아제의 작용에 의해 포도당과 갈락토스로 분해될 경우, 갈락토시다아제의 기질은 유당이다.

단백질(蛋白質): 다수의 아미노산이 연결되어 만들어진 고분자화합물로서 분자량이 수백만에 이르는 것도 있다. 단백질의 성질은 이 아미노산의 배열방법에 따라 결정된다. 탄소, 산소, 수소, 질소, 황으로 구성되고, 때로는 인과 철을 함유하는 것도 있다. 모든 생물에 있으며 그 생명체를 유지하는 중심적인 역할을 한다.

단백질합성(蛋白質合成): 단백질합성은 세포의 합성 활동에서 가장 중요한 것 중 하나이다. 성장기의 흰쥐에서는 간장의 70%가 제거되어도 12일 이내에 본래의 중량까지 회복될 정도며, 극히 빠른 비율로 단백질을 합성해 가는 것을 알 수 있다. 물론 신체의 크기가 최대한에 다다른 후에도 단백질의 합성은 계속된다. 효소나 헤모글로빈, 콜라겐과 같은 구성단백질은 늘 여러 가지 속도로 파괴되고 또 합성되고 있다.

단백질합성의 네 단계와 그것을 위해 필요한 성분

1. 아미노산의 활성화

   아미노산, 전이 RNA

2. 합성의 개시

   전이 RNA, 전령 RNA(개시코돈), GTP(구아노신3인산이라는 에너지 물질), 개시인자(여러 종류가 있다), 리보솜

3. 신장(伸長)

   리보솜, 코돈으로 결정된 아미노산이 붙은 전이 RNA, 신장(伸長)인자, GTP

4. 종료

   전령 RNA의 종료코돈, 종결인자, 리보솜

돌연변이주(突然變異株): 돌연변이를 일으킨 계통을 말한다. 대장균이나 효모는 X선조사(照射)나 약품 처리로 돌연변이를 발생시키고 여러 가지 실험에 사용된다.

DNA: 디옥시리보핵산이라는 화학물질로 긴 이중나선 구조를 하고 있다. 그 속에 새로운 세포를 만들기 위한 4종류의 암호가 채워져 있다. 이 암호

의 조합에 기초하여 갖가지 단백질이 만들어진다.

리보솜(ribosome): 세포 안에 포함되는 입자의 하나이다. 세균으로부터 고등 동물에 이르는 모든 세포에 포함되고, 단백질합성에 중심적 역할을 한다.

리프레서(repressor): 효소의 합성을 저지하고 있는 억제인자. 리프레서는 347개의 아미노산으로 구성되는 분자량 37,000의 단백질로서, 이 단백질 4개가 모여서 리프레서로서 작용한다.

말단전이효소(末端轉移酵素): 유전자가 플라스미드에 끌어들여질 때, 제한효소를 써서 벌린 플라스미드의 단면에 몇 개의 뉴클레오티드를 부가한다. 이때 이들을 붙이는 효소를 말한다.

면역(免疫): 외부로부터 체내로 세균이나 단백질이 끼어들었을 때 그것에 대한 항체가 생겨 세균이나 단백질을 파괴해 버린다. 최근 암의 면역요법에 대한 연구가 활발하게 이루어지고 있다.

미토콘드리아(mitochondria): 진핵생물의 세포 안에 있는 지름 1μm 정도의 세포 내 기관, 최근 사람의 미토콘드리아 DNA는 길이 5μm, 16,569개의 뉴클레오티드로 구성된다는 것을 알았다. 또 미토콘드리아의 유전암호 일부가 종래의 그것과는 다르다는 것이 발견되었다. 다른 동물의 미토콘드리아 유전암호의 조사가 진행되면 유전암호의 원시형과 진화가 해명될지도 모른다.

아미노산(amino acid): 한 분자 속에 아미노기(NH_2)와 카르복실기(COOH)를 갖는 화합물. 단백질을 구성하는 아미노산은 약 20여 종이고, 천연으로 있는 아미노산은 200종류 이상이나 있다. 단백질은 다수의 아미노산이 결합된 것이다.

RNA 폴리메라제(-polymerase): DNA의 염기 배열을 해독하여 메신저 RNA를 만드는 효소를 말한다. 1950년에 와이스(S. B. Weiss)에 의해 발견되었다.

ATP: 생명현상에는 에너지가 소비되는데 그 직접 에너지원이 ATP(아데노신3인산)이다. ATP는 주로 세포 안의 발전소라고도 할 미토콘드리아로서 당 등을 분해해서 만들어진다. ATP는 세균에서부터 사람에 이르기까지 모두 동일한 생체에너지 물질로서 원시 생명으로부터 35억 년 이상에 걸쳐 계속 존재해 왔다.

엑손(exon): 진핵생물의 유전자 안에 있고, 단백질의 아미노산 배열에 대응하는 정보를 지니고 있는 염기 배열 부분이다. 인트론(intron)은 정보를 지니지 않는 염기 배열 부분이다.

역전사효소(逆轉寫酵素): 전령(메신저) RNA는 유전자의 DNA 염기 배열을 해독해서 만들어진다. 그 반대로 RNA의 배열을 고스란히 해독하여 DNA로 만들면 유전자가 된다. 이와 같은 능력을 가진 효소를 역전사효소라고 한다. 그 분자량은 7만~16만이다. RNA 지령 DNA 폴리메라제라고도 한다.

염색체(染色體): 핵 속에 있는 기다란 섬유 모양의 구조로서, 길게 한 줄로 유전자가 배열되어 유전을 관장하고 있다. 염색체 수는 개는 78개, 고양이는 38개, 인간은 22벌의 상염색체와 2개의 성염색체, 합계 46개이다. 길이 2~10μm의 상염색체 속 DNA를 당겨 늘이면 8㎝나 되는데, 약 1만분의 1로 접혀 있다. 그리고 정보 전달은 차곡차곡 접힌 DNA의 일정 부분이 풀리고 RNA 폴리메라제의 작용에 의해 이루어진다.

운반체(運搬體: vector): 유전자를 조작하기 위해서는 먼저 유전자를 준비해야 한다. 이 유전자를 대장균 등의 숙주세포에 이식하여 증식시키는데, 그 속에서 증식하는 역할을 가진 DNA를 운반체라고 한다. 대표적인 것이 플라스미드이다.

유전자(遺傳子): 유전을 관장하는 근본. 눈동자를 검게 또는 파랗게 하도록 세포에 명령하는 것으로서 DNA로 구성되어 있다. 유전자는 세포 안의 염색체에 포함되어 있다. 유전자(gene)라는 말은 덴마크의 요한센(W. L. Johannsen)에 의해 만들어졌다.

인(仁): 세포핵에 포함되는 구조의 하나. RNA나 단백질이 합성되고 리보솜을 만들어낸다.

자연선택설(自然選擇說): 생물의 종(種) 가운데는 폭넓은 변이(變異)가 생기는데, 그 속에서 가장 환경에 적합한 것만이 생존한다고 하는 사고방식. 환경에는 경쟁 상대나 기후 등도 포함되어 있고, 생존경쟁에 이긴 것만이 살아남는다고 한다. 다윈(C. Darwin)은 적자생존(適者生存)이라고 불렀다.

장기이식과 거부반응: 다른 사람의 장기를 이식하면 그 장기가 다른 사람의 것임을 알아채고 항체가 만들어져 결국 파괴되고 만다. 이식 수술의 성공은 이 생체반응을 어떻게 극복하느냐에 달려 있다.

전령 RNA: 단백질합성의 주형(鑄型:原型)이 되는 RNA에 전령 RNA라는 이름을 붙인 것은 모노(J. L. Monod)와 자콥(F. Jacob)이다(1961년). 그들은 세포핵 안에 있는 DNA와 세포핵 바깥에 있는 단백질 합성장소와의 교량 역할을 하는 RNA가 있을 것이라고 생각했다. DNA의 뉴클레오티드 배열을 그대로 읽어내(상보적인 염기쌍을 만든다는 의미) RNA가 핵 안에서 만들어지고, 그것이 단백질의 합성장소로 나간다는 것이다. 메신저(전령)란 썩 어울리는 이름이다. 1961년 중 미국의 세 군데 연구소에서 전령 RNA가 실험적으로 확인되었다. 전령 RNA는 양적으로는 적어서 세포 속의 전체 RNA의 수 %에 지나지 않지만, 신속히 합성되고 또 분해된다. 크기는 구구하지만 적어도 300개 이상의 뉴클레오티드로 구성되어 있다. 또 전이 RNA처럼 정연한 구조는 갖고 있지 않다. 한 개의 사슬로 선 모양(線狀)으로 뻗어 있다.

전이 RNA: RNA의 종류와 그 기능은 1950년대부터 시작하여 현재도 계속되고 있는 단백질의 생합성(生合成: 생체 내의 합성)의 기구 해명과 더불어 알게 되었다. 우선 명확해진 것이 전이 RNA이다. 세포질에 가용성(可溶性)이며, 분자량이 적은 RNA(약 25,000)가 있다는 것은 상당히 전부터 알려져 있었다. 이것이 단백질합성의 제1단계에 관계되는 전이(transfer) RNA인 것을 실증한 것은 보스턴의 매사추세츠 종합병원의 폴 자메크닉(Paul Zamecnik) 일파이다(1957년). 최근에는 tRNA라고 약칭된다. 아미노산은 먼저 이 RNA와 결합한다. 아미노산 활성화효소라고 하는 아미노산에 대해서도, 전이 RNA에 대해서도 특이성을 갖는 특별한 효소가 이 반응을 촉매한다. 이 효소는 수십 종류나 있고, 각각 아미노산을 식별하여 그것에 대응하는 RNA에 결합시킨다. 말하자면 아미노산에 전이 RNA라는 커다란 꼬리표를 붙이는 역할을 한다. 이 과정을 아미노산의 활성화라고 한다.

중립진화설(中立進化說): 일본의 국립 유전학연구소의 기무라 박사가 1968년에 제창한 분자진화설. 분자 수준에서의 진화는 자연선택에 유리하고 불리하고를 가리지 않고 모두 무차별하게 일어난다고 하는 사고방식. 이를테면 헤모글로빈 한 개의 아미노산 치환은 10억 년에 한 번의 속도로 일어난다고 하는 것이다.

진핵생물(眞核生物): 박테리아 등의 원생동물은 핵이 세포질 안에 분산해 있고 일정한 핵구조를 갖고 있지 않다. 이와 관련해 고등생물에서는 일정한 핵구조를 가지고 있다. 이와 같은 생물을 진핵생물이라고 한다.

플라스미드(plasmid): 박테리아 세포 안에 있으며 숙주의 염색체와 독립해서 증식하는 고리 모양(環狀)의 DNA를 말한다. 플라스미드의 크기는 극히 변화가 풍부하며, 분자량은 100만을 넘지 않고, 유전자가 1~3개의 것에서부터 숙주염색체의 20%에 미치는 것까지 있다. 유전자공학의 벡터(운반체)로 사용된다.

항원·항체: 항원(抗原)이란, 그것이 생체 안에 들어갈 경우 항체(抗體)를 만들어 내고 또 「이것과 특이하게 반응하는 물질」을 말한다. 항체는 「항원 자극에 의해서 생체 내에서 만들어지고, 항원과 특이적으로 반응하는 물질」을 말한다. 이 정의로부터 알 수 있듯이 항원과 항체는 열쇠와 열쇠 구멍의 관계와 같은 것이다.

핵(核): 세포 안에 있는 주요한 유전정보센터. DNA가 갖는 유전 정보를 바탕으로 해서 단백질의 합성에 관여한다. 물질대사의 기능조절과 구조형성 등을 컨트롤한다.

헤모글로빈(Hemoglobin): 척추동물의 적혈구에 포함되는 혈색소(血色素). 인간이나 말, 소 등에서 분자량은 68,000이고 사람의 분자는 철을 함유하는 4개의 헴(haem)과 2종류의 단백질 4개로 구성되어 있다. 산소를 조직으로 운반하고 이산화탄소를 폐로 운반해 낸다. 일산화탄소와 결합하면 분리되기 어렵고 중독을 일으킨다.

호르몬(Hormon): 「눈 뜨게 하는 것」이라는 그리스어에서 유래한다. 비타민은 먹이로부터 흡수할 수 있지만, 호르몬은 체내의 내분비 기관으로부터 분비된다. 이것이 혈액을 통해서 전신을 돌아 생체기능을 정상으로 유지하는 작용을 한다.

효소(酵素): 일반적으로 실온 정도에서는 화학반응이 극히 완만하다. 하지만 생체 속에서는 실온과 그다지 다르지 않은 낮은 온도임에도 각종 화학반응이 수용액 속에서 상당한 속도로 진행하고 있다. 이것은 단백질로 구성된 효소의 촉매작용에 의한 것이다. 효소의 분자량은 약 1만~100만 이상에 걸치며 약 2,000종류가 있다. 그중에는 펩신, 아밀라아제 등 친숙한 소화효소(消化酵素)도 포함되어 있다.

분자생물학의 자취

(다시 나오는 이름은 한글로 적었음)

연도	사람과 업적
1837	Geraldos Murda 단백질의 명명
1865	Gregor Johann Mendel 유전의 법칙
1869	Friedrich Miescher DNA의 발견
1910	Albrecht Kossel 핵산염기의 연구로 노벨 의·생리학상.
1911	Francis Peyton Rous 닭 육종의 병원 바이러스 발견
1929	Phoebus Aaron Theodor Levene RNA의 발견
1935	Wendell Meredith Stanley 담배모자이크 바이러스의 결정화
1944	Oswald Theodore Avery 형질 전환인자로서의 DNA
1945	George Wells Beadll, Edward Lawrie Tatum 1 유전자 1효소설
	Max Delbrück 파지의 분자생물학 수립
1946	Joshua Lederberg 대장균의 유전자재결합의 발견
1947	Alexander Todd 뉴클레오티드의 화학합성
1950	William Azterberry 분자생물학을 제창
	Linus Pauling 단백질의 나선구조
1952	Babara McClintoke 레더버그, 플라스미드의 개념 이동하는 유전자의 발견
1953	James Dewey Watson, Francis Harry Compton Crick DNA의 이중나선구조 Maurice Wilkins, Rosalind Franklin DNA의 X선 해석.

1956	Frederick Sanger 인슐린의 아미노산 배열 오카다 요시오 세포융합법 확립.
1958	생어, 노벨화학상 비들, 테이텀, 레더버그, 노벨 의·생리학상.
1959	Severo Ochoa, Arthur Kornberg 노벨 의·생리학상.
1960	Max Ferdinand Perutz, John Cowdery Kendrew 단백질의 입체구조 Solomon Spiegelman DNA의 교잡 John B. Gurdon 클론 개구리를 만들어 냄.
1961	Francois Jacob, Jacques Lucien Monod 전령 RNA의 개념, 오페론설 Marshall Warren Nirenberg 유전암호의 해독 오초아, 유전암호의 연구.
1962	페루츠, 켄드루, 노벨화학상 크릭, 왓슨, 윌킨즈 노벨 의·생리학상.
1964	Har Gobind Khorana DNA 단편의 인공합성 니렌버그, 유전암호 3연자(三連子)의 확립.
1965	Robert William Holley 전이 RNA의 구조 자콥, André Michel Lwoff, 모노 노벨 의·생리학상 생어, RNA의 염기 배열 결정법.
1966	라우스, 노벨 의·생리학상.
1968	기무라(木村資生) 중립진화설 홀리, 코라나, 니렌버그 노벨 의·생리학상.
1969	델브뤼크, Albred. Day Hershey, Salvador Edward Luria 노벨 의·생리학상.
1970	Howard Martin Temin, 미주다니(水谷哲) David Baltimore 역전효소의 발견 Hamilton Othanel Smith 제한효소의 발견.
1971	Thomas Kornberg DNA 폴리메라제의 발견
1972	코라나, 전이 RNA 유전자의 인공합성 Paul Berg 재결합 DNA의 실험

1973	Stanley S. Cohen 재결합 DNA의 실험법 확립
1974	아론 크루크 크로마틴구조의 해명
1975	Allan Maxam, Walter Gilbert DNA의 염기 배열 결정법 Georges Köhler, Cesar Milstein 모노클론 항체의 작성 볼티모어, 테민, Renato Dulbecco 노벨 의·생리학상
1977	이다쿠라(板倉啓一) 유전자공학에 의한 소마토스타틴의 합성 생어, 박테리오파지 π×174의 전체 유전자 구조의 결정
1978	도네가와 (利根川進) 항체 유전자의 구조 혼조(本庶佑) 항체유전자의 결정 Werner Arber, 스미스, Daniel Nathans 노벨 의·생리학상 길버트, 엑손·인트론의 개념 이다쿠라(板倉). 유전자공학에 의한 인슐린의 합성
1979	Alexander Rich 좌선(左旋) 나선 DNA의 발견 B. Turrel 미토콘드리아 DNA의 유전암호 이케하라(池原森男) 전이 RNA의 인공합성
1980	크릭, 이기(利己) 유전자의 개념 버그, 길버트, 생어, 노벨 화학상 다니구치(谷口維紹), 유전자공학에 의한 인터페론의 합성
1981	Charles Weisman 유전자공학에 의한 인터페론의 합성 생어, 미토콘드리아 DNA의 염기 배열 누마(沼正作), 복수호르몬을 지배하는 유전자 Karl Illmensee 생쥐의 클론화 M. Wiggler 발암유전자의 단리(單離)
1982	Richard Palmita 슈퍼마우스의 작성 오노(大野乾), HY항원유전자의 단리 클루그, 노벨 의·생리 학상
1983	매클린토크, 노벨 의·생리학상
1984	Niels K. Jerne, Georges J. F. Köhler, 밀스틴, 노벨 의·생리학상 Robert B. Merrifield 노벨 화학상